职业教育数字媒体技术应用专业系列教材

数字影像合成与特效制作项目教程——After Effects CS6

主　编　陈　丽　　梁　波
副主编　冀　亮　　刘佰畅
参　编　温励颖　　陈　赓
主　审　周永忠

机械工业出版社

本书采用项目任务的方式针对After Effects CS6（中文大师版）的实际应用进行讲解，共分6个学习单元，分别是岗前培训、制作电视栏目包装、制作商业类电子贺卡和相册、制作创意短片和电视广告、制作主题宣传片和学习影视特效后期制作。难度逐步增加，深入浅出，便于读者分类学习。

为了方便读者学习，本书配套资源包含书中所有案例的项目文件、素材文件和最终渲染文件以及部分案例的多媒体教学录像。

本书适合作为各类职业院校数字媒体技术应用及相关专业的教材，也可供广大自学人员学习使用。

图书在版编目（CIP）数据

数字影像合成与特效制作项目教程：After Effects CS6/陈丽，梁波主编. —北京：机械工业出版社，2016.4（2024.9重印）

职业教育数字媒体技术应用专业系列教材

ISBN 978-7-111-53479-2

Ⅰ.①数… Ⅱ.①陈… ②梁… Ⅲ.①图像处理软件—职业教育—教材 Ⅳ.①TP391.41

中国版本图书馆CIP数据核字（2016）第073235号

机械工业出版社（北京市百万庄大街22号　邮政编码100037）
策划编辑：梁　伟　　　责任编辑：蔡　岩
责任校对：张　征　　　封面设计：鞠　杨
责任印制：常天培

固安县铭成印刷有限公司印刷

2024年9月第1版第9次印刷
184mm×260mm・12.5印张・268千字
标准书号：ISBN 978-7-111-53479-2
定价：38.00元

电话服务	网络服务
客服电话：010-88361066	机 工 官 网：www.cmpbook.com
010-88379833	机 工 官 博：weibo.com/cmp1952
010-68326294	金 书 网：www.golden-book.com
封底无防伪标均为盗版	机工教育服务网：www.cmpedu.com

前　　言

影视后期特效课程是艺术（动画类）相关专业学生的专业必修课，它是培养学生在影视、广告和多媒体制作中创作特殊艺术视觉效果的专业课程。此课程在影视制作的教学计划中占有非常重要的地位。通过对本课程的学习，可以使学生全面了解数字影视特技制作的基本原理，掌握影视特技制作的专业知识与技能，培养学生独立进行影视创作的专业能力，为学生毕业后从事影视与多媒体制作奠定坚实的基础。

After Effects软件是视频特效爱好者和专业人士必不可少的制作工具。它提供了采集、编辑、调色、动画、特效、音频、文字、输出整套流程，并和其他Adobe软件高效集成，使用户足以应对在编辑、制作、工作流程上遇到的挑战，满足用户创建专业作品的要求。After Effects软件也是一款菜单版面众多、操作设置比较复杂的视频特效软件，因此在学习的过程中建议循序渐进，打好基础，熟练掌握快捷键。

本书综合性极强，在教学过程中综合运用了有关色彩学、摄影技术、照明技术、非线性编辑、动画技术、数字影视合成技术等相关知识与技能，希望读者在学习本书各任务案例的同时多学习其他课程知识，这样有助于理解After Effects软件中的高级运用（3D运用），达到事半功倍的效果。

配套资源中包含了书中各项目文件，读者在学习过程中，可以用After Effects软件打开对照学习。同时，配套资源中还包含了所有素材文件、最终渲染文件以及部分案例的多媒体教学录像。

本书教学建议参考学时如下：

单　　元	动手操作学时	理论学时
学习单元1　岗前培训	2	2
学习单元2　制作电视栏目包装	8	4
学习单元3　制作商业类电子贺卡和相册	8	4
学习单元4　制作创意短片和电视广告	8	4
学习单元5　制作主题宣传片	8	4
学习单元6　学习影视特效后期制作	14	4

本书由陈丽、梁波任主编，由冀亮、刘佰畅任副主编，参与编写的还有温励颖、陈赓。本书由周永忠任主审。由于编者水平有限，书中难免存在疏漏和不足之处，恳请各位读者批评、指正。

编　者

目　　录

前言

学习单元1　岗前培训 1

项目1　制作炫彩流光文字 3
- 任务1　制作彩光 3
- 任务2　制作文字效果 8

学习单元2　制作电视栏目包装 11

项目2　制作娱乐类节目片头 12
- 任务1　制作《音乐风云榜》片头 12
- 任务2　制作《体育之夜》片头 17

项目3　制作电视节目和频道片花 26
- 任务1　制作《旅游卫视》频道片花 26
- 任务2　制作《电影放映室》栏目包装 33

学习单元3　制作商业类电子贺卡和相册 41

项目4　制作电子贺卡 42
- 任务1　制作圣诞节电子小贺卡 42
- 任务2　制作倒计时日历 53

项目5　制作电子相册 63
- 任务1　制作《宝贝日记》电子纪念册 63
- 任务2　制作彩色立方体标题动画——相册片头 71

学习单元4　制作创意短片和电视广告 85

项目6　制作创意短片 86
- 任务1　制作《宫崎骏动漫展》预告片 86
- 任务2　制作《珍惜水资源》环保公益广告 93

项目7　制作商业产品广告 101
- 任务1　制作彩色产品广告 102
- 任务2　制作手机界面动画效果展示 109

学习单元5　制作主题宣传片 123

项目8　制作城市形象片 124

任务1　制作"美丽苏州"城市形象片 124
　　任务2　制作"灵韵苏杭"城市形象片 140
　项目9　对城市形象进行整体包装 148
　　任务1　制作"珠海渔女"缩放效果 149
　　任务2　制作"珠海渔女"倒影效果 160

学习单元6　学习影视特效后期制作 171
　项目10　制作摄像机动画《飞虎队出击》 172
　　任务1　制作飞机组装效果 172
　　任务2　制作飞机起飞效果 178
　项目11　制作动画《小迷糊的车祸》的效果 182
　　任务1　制作抠像效果 182
　　任务2　制作撞击效果 188

学习单元1

岗前培训

学习单元 1 岗前培训

单元概述

本单元主要内容是介绍After Effects CS6软件的基本操作,同时以一个简单的特效实例帮助读者掌握软件的基本应用。

学习目标

知识目标:After Effects CS6基本软件介绍、Windows操作系统要求、通过基础的案例学会如何使用CC Particle World(CC粒子仿真世界)、CC Vector Blur(矢量模糊)和Hue/Saturation(色相位/饱和度)的使用。

技能目标:基本软件、系统要求、界面认识、效果与预设设置等。

情感目标:培养学生自主学习自主研发能力。

岗前培训

After Effects CS6是由Adobe公司开发的一款用于制作影视特效的专业合成软件。After Effects在众多影视后期合成软件中具有独特的魅力,现在After Effects的最新版本为CC版本,其功能也变得更加强大。Adobe After Effects CS6的启动界面如图1-1所示。

图 1-1

Windows系统要求

需支持64位的Intel 酷睿 2 Duo或AMD 羿龙 Ⅱ 处理器。
Microsoft Windows 7 Service Pack 1(64位)。
4GB的运行内存(建议分配8GB)。
3GB可用硬盘空间,安装过程中需要其他可用空间(不能安装在移动闪存存储设备上)。
用于磁盘缓存的其他磁盘空间(建议分配10GB)。
1280×900分辨率以上的显示器。
支持OpenGL 2.0的系统。
用于从DVD介质安装的DVD-ROM驱动器。
QuickTime功能需要的QuickTime 7.6.6软件。
可选:Adobe认证的GPU卡,用于GPU加速的光线跟踪3D渲染器。
支持64位多核Intel处理器。

项目1　制作炫彩流光文字

项目描述

本任务是制作炫彩流光文字展示。

当今，对于视觉要求越来越高的观众来讲，看电影已经不只是看剧情了。唯美、震撼等各种形式的视觉效果以及视觉冲击力也成为评价一部电影的重要标准。在影视、广告、动画、栏目包装等领域，特效的使用非常多，特效的表现形式也越来越丰富。现代特效技术为影视动画带来的惊艳绝伦的效果在吸引观众眼球的同时也紧紧抓住其心理，而特效技巧也将逐渐发展成为现代和未来影视行业必不可少的元素。

项目分析

本项目特效将分为两个部分来制作：①先把炫光做出来。本项目的炫光形状外形还是比较好制作的。②在制作好的炫光基础上添加字体生动的文字效果，突出炫光与文字的绚烂感、吸引眼球，调整色彩。让整个特效更美观，更丰富。

项目实施

▶▶▶▶ 任务1　制作彩光

1. 新建合成

在菜单栏中执行"图像合成"→"新建合成组"命令（快捷键为<Ctrl+N>），在弹出的"图像合成设置"对话框中设置"合成组名称"为"总合成"，"预置"选择720px×576px，"持续时间"设为5s，"背景色"设置为黑色，单击"确定"按钮建立一个合成，这将作为本项目的总合成来使用，如图1-2所示。

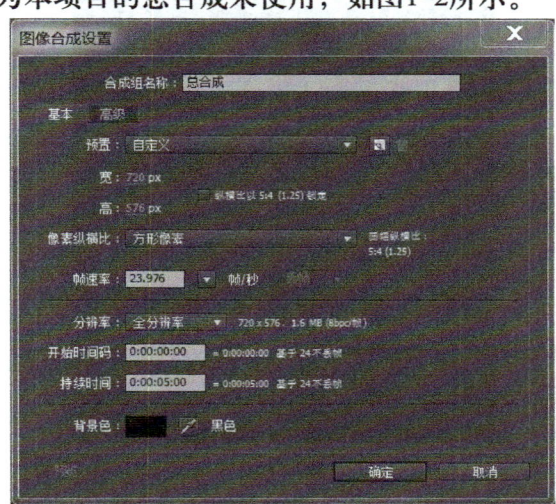

图　1-2

2. 建立固态层

做一个固态层来充当底板，然后在上面加特效（快捷键为<Ctrl+Y>），设置如图1-3所示。

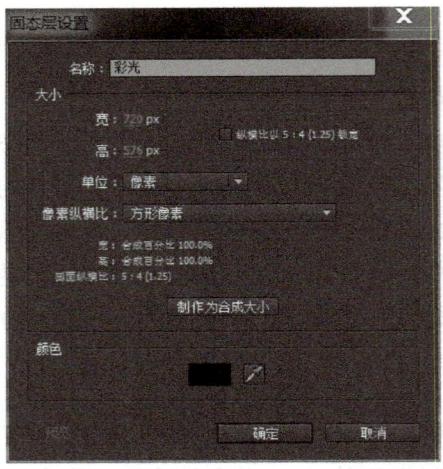

图 1-3

3. 制作炫光

1）选择"彩光"图层，然后执行"特效"→"模拟仿真"→"cc粒子仿真世界"命令，展开网格和参考线，设置网格为关闭，展开"生产地"菜单选项，设置Y轴、Z轴的半径为0.3，参数设置如图1-4所示。

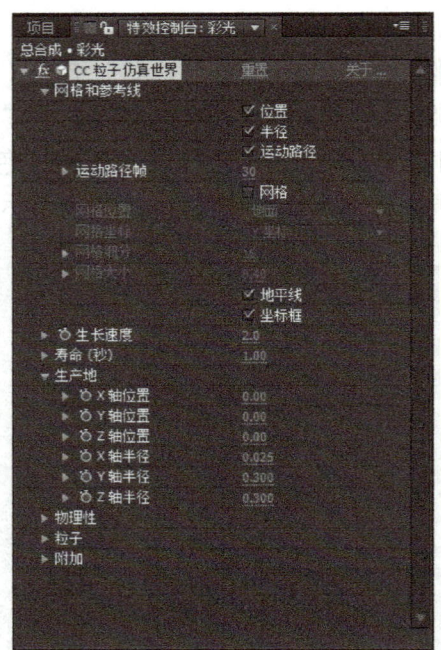

图 1-4

2）展开"物理性"菜单选项，设置"动画"为"爆炸"，最后设置"重力"为1，如图1-5所示。

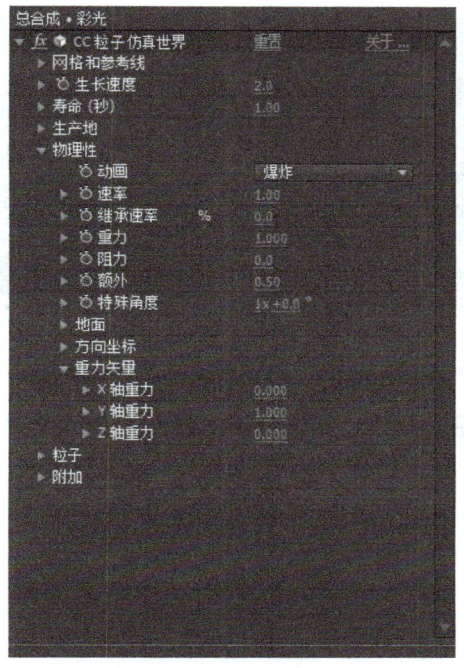

图 1-5

3)展开"粒子"菜单选项,设置粒子类型为立方体,最后设置"生长大小"为0.500,"消逝大小"为0.600,如图1-6所示。

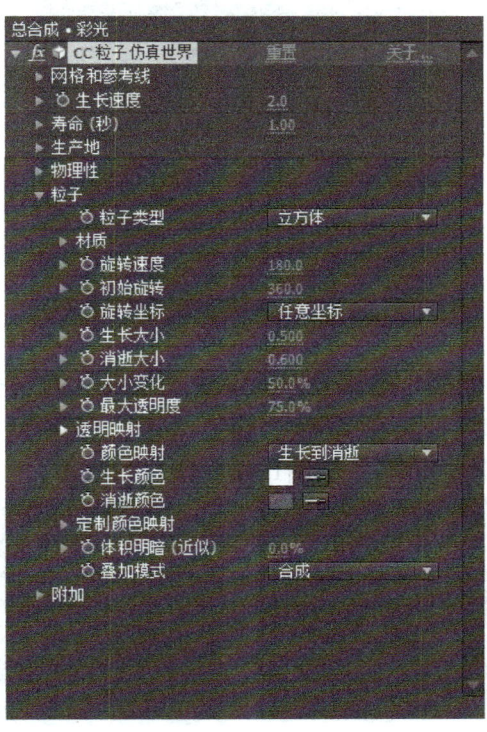

图 1-6

4）设置"生长颜色"与"消逝颜色"，参数如图1-7和图1-8所示。

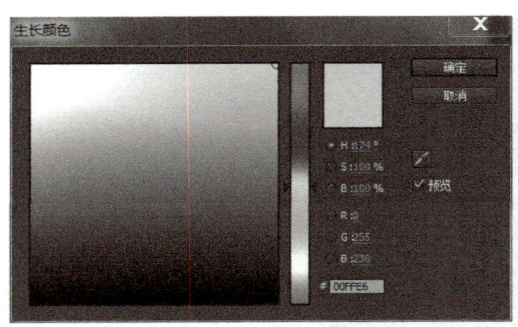 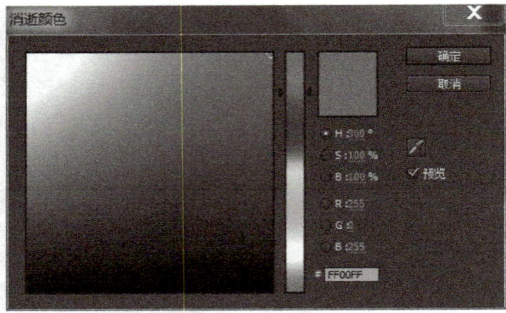

　　　　图　1-7　　　　　　　　　　　　图　1-8

5）执行"特效"→"模糊与锐化"→"CC放射状模糊"命令，接着设置"类型"为"直接缩放"，"数量"为20，"品质"为50。接着执行"特效"→"模糊与锐化"→"CC矢量模糊"命令，设置"数量"为40，如图1-9所示。

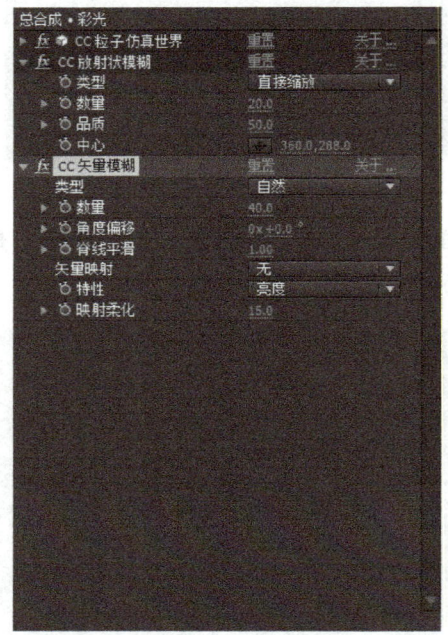

图　1-9

6）展开"彩光"属性栏，然后在0s处设置"位置"为（-366，288），接着在3s处设置位置为（1158，288），在第0帧、6帧、11帧、16帧处将透明度设置为100%，接着在1s 11帧处设置透明度为0%，如图1-10~图1-12所示。

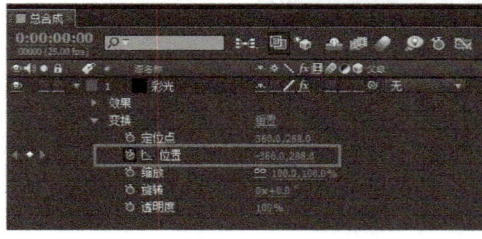 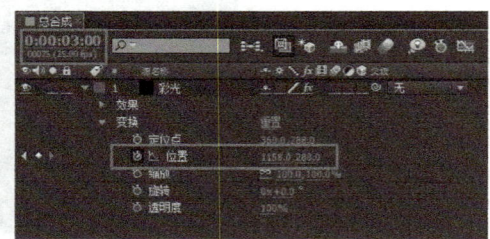

　　　　图　1-10　　　　　　　　　　　　图　1-11

图 1-12

4. 复制组合

1) 按<Ctrl+D>组合键复制两个"彩光"图层,如图1-13所示。

图 1-13

2) 按<Ctrl+Shift+C>组合键,将三个彩光图层导入一个新的合成并命名为"彩光合成1",如图1-14所示。

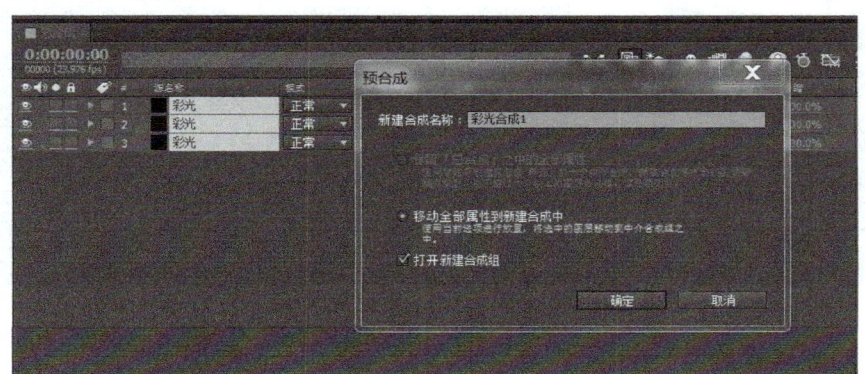

图 1-14

3) 按<Ctrl+D>组合键复制"彩光合成1",参数如图1-15所示。

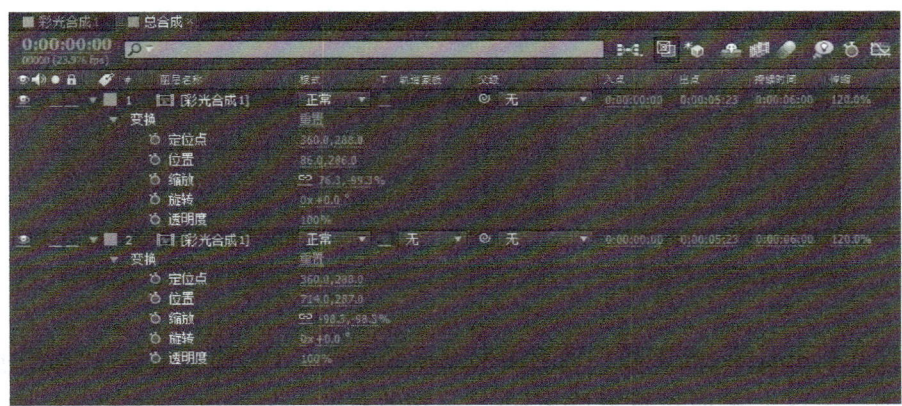

图 1-15

任务2 制作文字效果

1. 制作文本

1）在总合成创建文字"Adobe After Effects",如图1-16所示(这里字体不作要求)。

2）展开文字属性栏,在15帧处设置"偏移"为0%,接着在1s 15帧处设置"偏移"为100%,如图1-17所示。

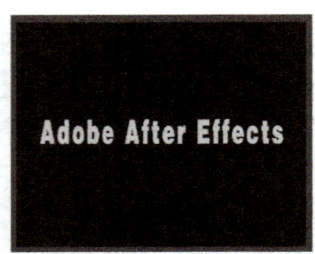

图 1-16

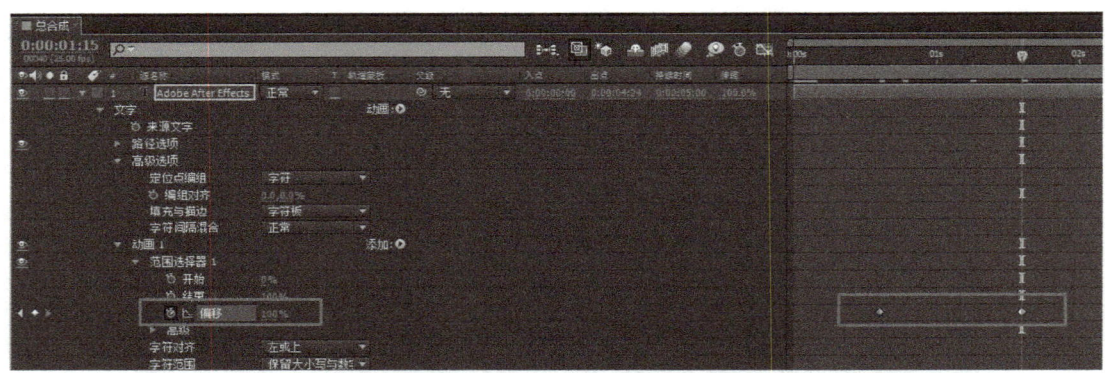

图 1-17

2. 添加动画效果

1）打开效果与预置面板,在动画预置面板找到"3D文字前滚",将其拉至文字图层"Adobe After Effects",如图1-18和图1-19所示。

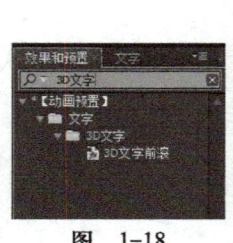

图 1-18

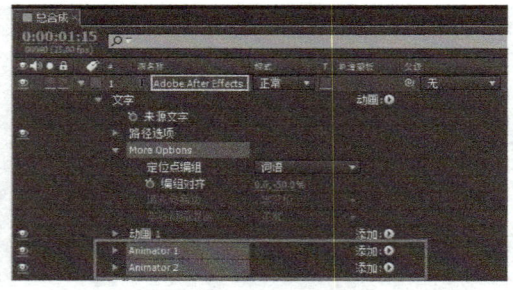

图 1-19

2）打开Animator1的面板,再打开Range Selector 1的偏移面板在10帧时设置数值为-33%,在1s 15帧时设置数值为100%。接着打开Animator2的和Range Selector 1的开始面板在10帧设置数值为0%,在2s 10帧时设置数值为100%,然后把填充色面板中第10帧处的颜色数据改为R：246、G：255、B：0，把2s 10帧处颜色数值设置为R：227、G：101、B：39。接着在1s 10帧时打开变换面板的透明度闹钟并设置数值为100%，在2s 15帧时设置数值为0%，如图1-20～图1-24所示。

图 1-20

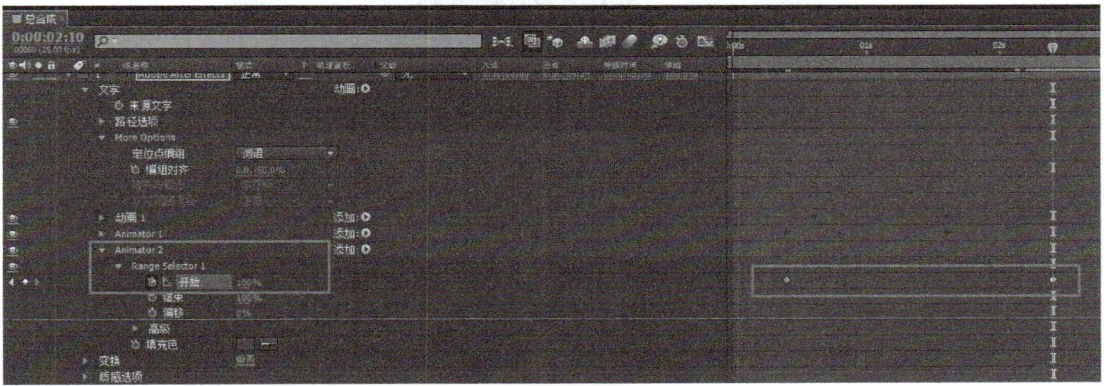

图 1-21

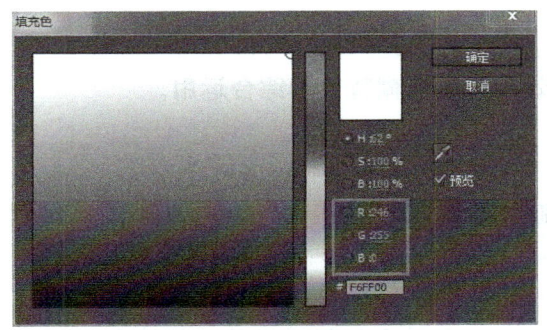

图 1-22

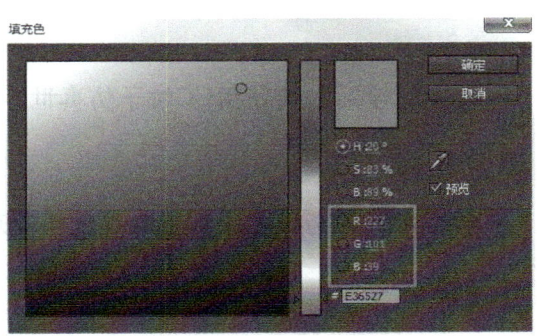

图 1-23

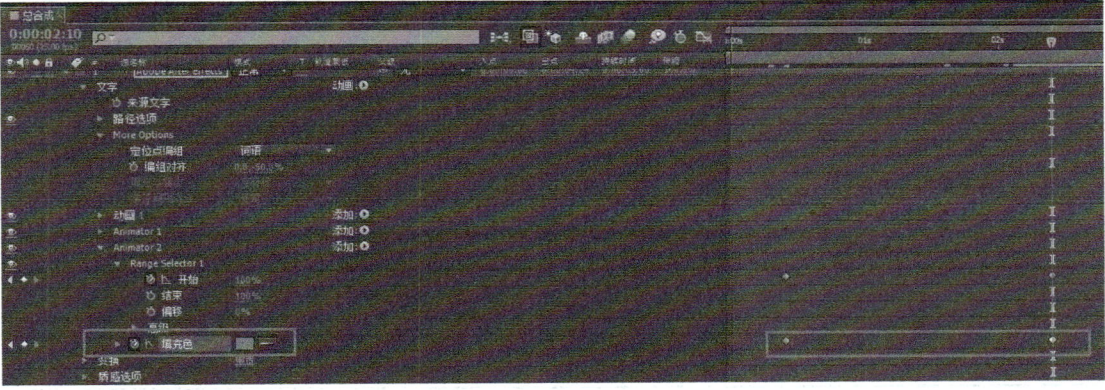

图 1-24

3）按小键盘上的数字键0预览最终效果，如图1-25所示。

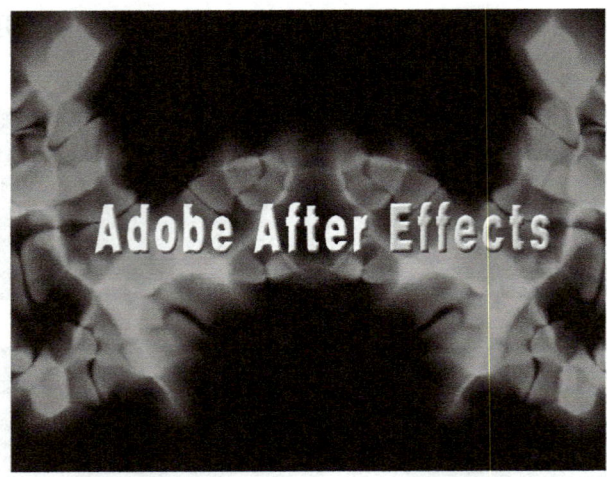

图 1-25

项目审核和交接

1）本项目的两个任务由小组成员完成后，交由栏目组主管审核。
2）经过栏目组主管审核后，需修改的部分进行首次修改。
3）展示给部分观众，根据观众的意见，小组成员进行二次修改。
4）一般经过两三次修改后，最终完成任务的审核和交接。

必备知识

本项目学习如何使用CC粒子仿真世界特效和矢量模糊特效的综合运用。

项目拓展

尝试用效果与预置面板里的其他特效来制作文字。

项目评价

在本项目中，学习了如何使用CC粒子仿真世界特效和矢量模糊特效的综合运用。通过本项目的学习，读者可以掌握彩光特效的制作技法。学习后做一个项目评价和自我评价。

《制作炫彩流光文字》	很满意	较满意	有待改进	不满意
项目设计的评价				
项目的完成情况				
知识点的掌握情况				
与本组成员协作的情况				
客户对项目的评价				
自我小结				

学习单元2

制作电视栏目包装

学习单元 2 制作电视栏目包装

单元概述

近些年，人们在精神文化上的需求不断增加，数字影视后期制作技术日益普及，电视栏目包装在我国飞速发展。优秀的电视包装作品不仅可以增强观众对节目、栏目、频道的识别能力，更重要的是在众多的电视媒体中确立自己的品牌地位，用最快捷、最直观的方法向广大电视观众推行自己的理念。

本单元包含2个项目5个任务，这些精选的案例介绍了节目片头片花、栏目包装制作的过程，给志在进入电视包装行业的学生带来帮助。

学习目标

知识目标： 熟悉制作电视栏目包装的流程，设计简单的节目片头、频道片花和栏目片花，掌握合成动画的制作和摄像机的使用，能够独立完成电视节目的制作。

技能目标： 合成的嵌套，形状的绘制，文字和图层动画、效果的使用，3D图层的操作，摄像机的使用。

情感目标： 培养学生的团队协作能力，电视栏目推广。

项目2 制作娱乐类节目片头

项目描述

每一个娱乐类节目都会有精心制作的片头，它必须主题鲜明、突出，定位也必须准确、贴切，不能只是华丽的堆砌和剪辑的衔接，而是要表现节目本身的特点，把节目的优势、对观众的吸引力放到最大化。从内容来看，娱乐类节目的片头色彩较为鲜艳，节奏明快，其场景、气氛要与栏目风格相协调。从形式来看，片头设计应充分发挥设计者的创造力、想象力，制造出一个精彩又具有个性的片头。

本项目分为两个任务，一个是制作《音乐风云榜》片头，一个是制作《体育之夜》的片头。从内容上讲，体育和音乐是娱乐类节目的两大主题。从形式上讲，《音乐风云榜》是立体的影视作品，《体育之夜》是平面的影视作品。

▶▶▶ 任务1 制作《音乐风云榜》片头

任务分析

本任务的画面以黄色为基色，通过搭建旋转的平台，让文字三维展现，配合摄像机，从而达到震撼效果。本任务的制作环节主要分为3个部分：制作旋转平台、制作文字动画、摄像机的运用。

任务实施

1. 新建合成

在菜单栏中选择"图像合成"→"新建合成组"命令（快捷键为<Ctrl+N>），在弹出的对话框中设置"合成组名称"为"合成","预置"选择"HDV/HDTV 720 25","持续时间"设为10s,"背景色"设置为黑色,单击"确定"按钮建立一个合成。本任务所有的文字和图层动画将在该合成中完成,如图2-1所示。

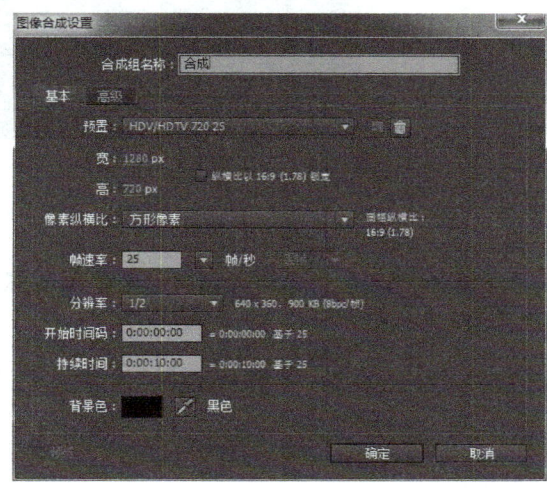

图 2-1

2. 制作屏幕底色

制作一个底色,放在图层的最下方,作为屏幕的底色。

在菜单栏中执行"图层"→"新建"→"固态层"命令,新建一个橙色的固态层(快捷键为<Ctrl+Y>),名称为"屏幕底色",颜色设置为(255,184,13),如图2-2所示。

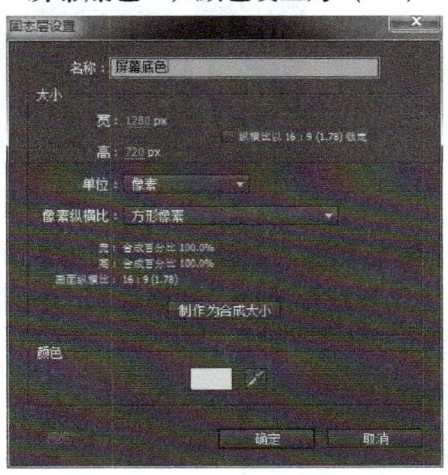

图 2-2

3. 绘制圆环

1)用步骤2的方法再新建一个白色固态层,颜色设置为白色(255,255,255),名称为"圆环1",打开3D开关 。选择工具栏中的"椭圆形遮罩工具",单击"圆环1"图层,然后在合成窗口中绘制两个同心圆遮罩,并设置"圆环1"图层中遮罩的叠加模式,外圆为加,内圆为减。这样就可以得到一个圆环,如图2-3和图2-4所示。

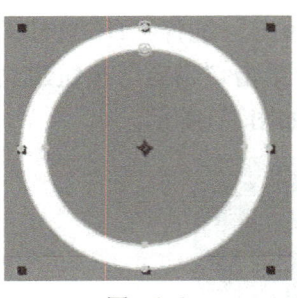

图 2-3

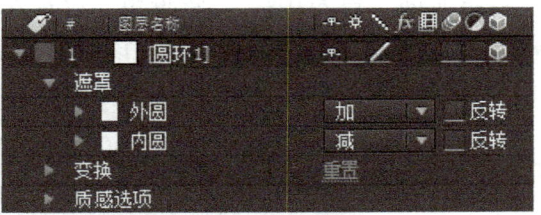

图 2-4

 小提示

绘制以圆心为起点的正圆的方法是：在合成窗口的某点按下鼠标左键，然后再按住<Ctrl+Shift>键，拖动鼠标左键即可。

2）按<Ctrl+D>组合键，为"圆环1"图层创建2个副本图层，重命名为"圆环2""圆环3"，并调整大小。

4. 绘制空心五角星并旋转

1）用步骤3的方法绘制一个空心的五角星，如图2-5所示。顺序是先用工具栏中的"星形工具"绘制五角星，再用"椭圆形遮罩工具"绘制圆，最后调整遮罩的叠加模式，五角星为加，圆为减，如图2-6所示。

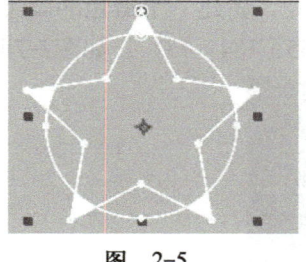

图 2-5

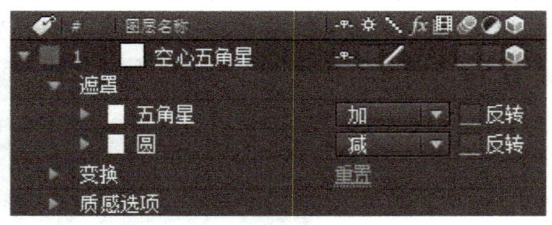

图 2-6

2）按<S>键，展开3个圆环和空心五角星图层的缩放属性，如图2-7所示。或者按住<Shift>键拖动图形，等比例缩放图形。调整这4个图形的大小，如图2-8所示。

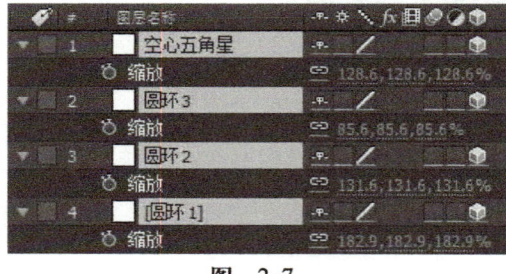

图 2-7

图 2-8

3）按<R>键，快速展开"空心五角星"图层的方向属性，将时间线移至0s的位置，单击Z轴旋转前面的时间码按钮，为该项添加第1个关键帧。将时间线移至10s的位置，设置Z轴旋转4周，添加第2个关键帧，如图2-9所示。

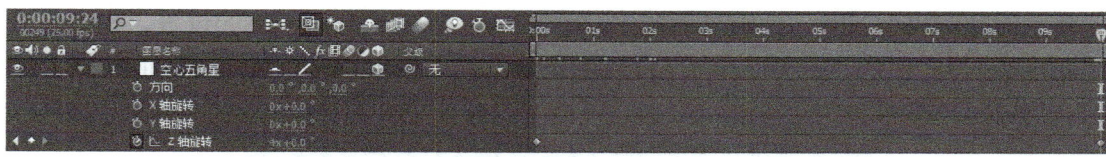

图 2-9

5. 制作文字动画

1）选中工具栏中的"横排文字工具"，在合成窗口中单击并输入文字"音乐风云榜"，打开3D开关 。选中文字，在字符面板中设置文字在填充上描边，填充颜色为黑色（0，0，0），描边颜色为（255，210，0），其他参数设置如图2-10所示。

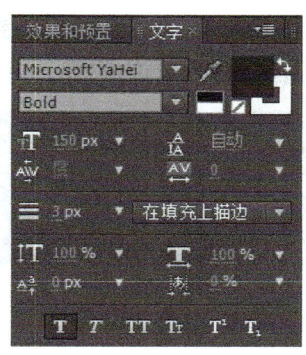

图 2-10

2）展开图层的变换属性，设置文字的定位点的值为（379，66，0）、方向的值为（90，0，0），从而将定位点置于文字的底部中点，文字垂直竖立在圆环上面。

3）将时间线移至0s的位置，单击Y轴旋转前面的时间码按钮 ，为该项添加第1个关键帧。将时间线移至8s的位置，设置Y轴旋转的值为（1，0），也就是旋转1周，添加第2个关键帧，如图2-11所示。

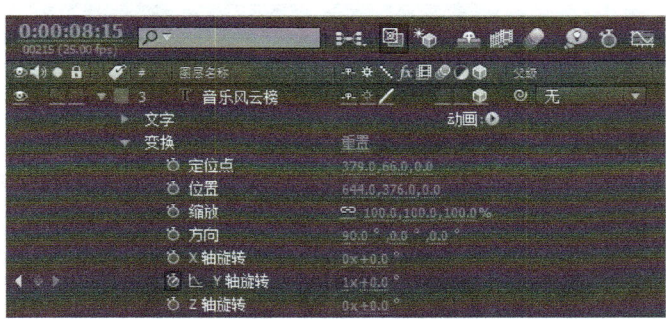

图 2-11

6. 添加摄像机

1）在菜单栏中执行"图层"→"新建"→"摄像机"命令，打开"摄像机设置"对话框，所有参数不变，直接单击"确定"按钮，创建一个摄像机图层。

2）展开"摄像机1"图层的属性，将时间线移至0s的位置，单击目标兴趣点和位置前面的时间码按钮■，为该项添加第1个关键帧。将时间线移至8s的位置，设置目标兴趣点的值为（640，-673，0）、位置的值为（640，955，-79.8），添加第2个关键帧，如图2-12所示。

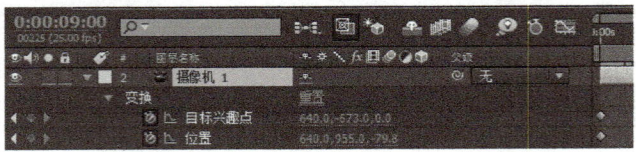

图 2-12

7. 制作光晕动画

1）在菜单栏中执行"图层"→"新建"→"调节层"命令，按<Enter>键改名为"光晕"。调整"光晕"图层的开始播放时间，把光标移动到该图层时间轴上最左端处，当光标变成■形状时向后拖动，直到拖动到第7s的位置，再松开鼠标，如图2-13所示。

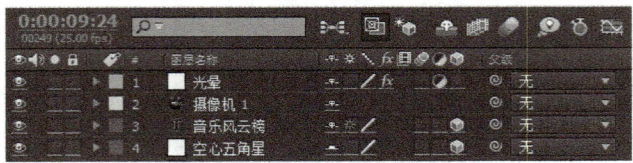

图 2-13

2）选择"光晕"图层，在菜单栏中执行"效果"→"生成"→"镜头光晕"命令，添加光晕效果。展开"光晕"图层的"效果"→"镜头光晕"的属性，将时间线移至7s的位置，单击光晕中心前面的时间码按钮■，设置光晕中心的值为（0，186），为该项添加第1个关键帧。将时间线移至10s的位置，设置光晕中心的值为（1138，186），添加第2个关键帧，如图2-14所示。

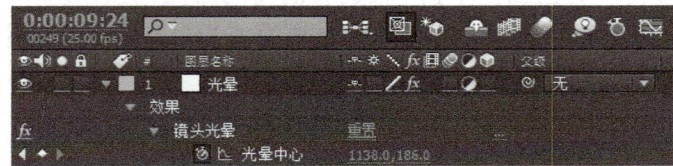

图 2-14

至此，本项目就完成了，效果如图2-15所示。

图 2-15

任务2　制作《体育之夜》片头

任务分析

本任务的关键词是体育和夜晚，所以在制作中的设计元素要简洁、明快，要突出体现动感，最后通过拉开遮幕预示节目的开始。虽然本任务不是一个三维作品，但是通过3D字体旋转、阴影特效、光晕和图层遮挡等可以达到胜似三维的效果。本任务的制作环节主要分为5个部分：制作背景、制作五角星、制作光晕、制作预合成、为预合成添加效果从而制作总和成。

任务实施

1. 新建总合成

在菜单栏中选择"图像合成"→"新建合成组"命令（快捷键为<Ctrl+N>），在弹出的对话框中设置"合成组名称"为"总合成"，"预置"选择"HDV/HDTV 720 25"，"持续时间"设为10s，背景色设置为黑色，单击"确定"按钮建立一个合成，这将作为本任务的总合成来使用，如图2-16所示。

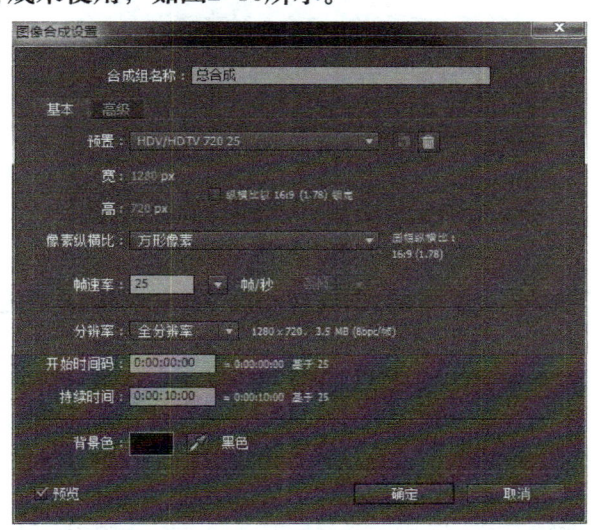

图 2-16

2. 制作背景合成

本任务中的背景有些复杂，所以为其建立一个合成，以方便使用。接下来将会建立多个合成，全部完成后，嵌套到"总合成"中。

1）用步骤1的方法新建合成，名称为"背景"。

2）在该合成中新建固态层（快捷键为<Ctrl+Y>），名称为"底色"，颜色设置可以任意。选中固态层，在菜单栏中执行"效果"→"生成"→"渐变"命令，添加渐变效果。展开固态层的"效果"→"渐变"的属性，设置"渐变形状"为放射渐变，"渐变开始"的"位置"为（640，360），"开始色"为红色（255，76，72），"渐变结束"的"位置"为（640，1300），"结束色"为黑色（0，0，0），如图2-17所示。

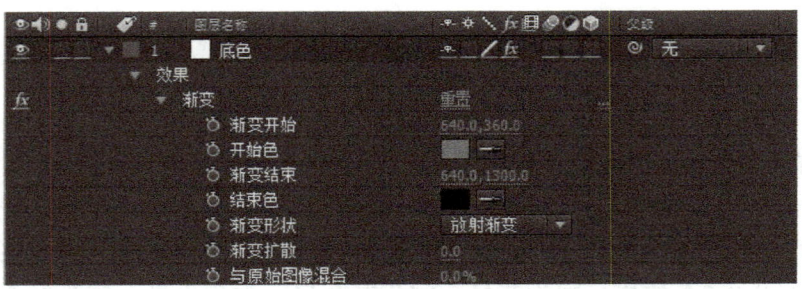

图 2-17

> **小提示**
>
> 如果在固态层添加渐变效果，那么固态层的颜色设置可以任意。

3）新建固态层，颜色设置为白色，名称为"白条"。选择工具栏中的"圆角矩形工具"，绘制一个白色圆角矩形。展开该图层的属性，调整"遮罩羽化"的值为（24，24）、"旋转"的值为-17.4、"透明度"的值为76%，如图2-18所示。

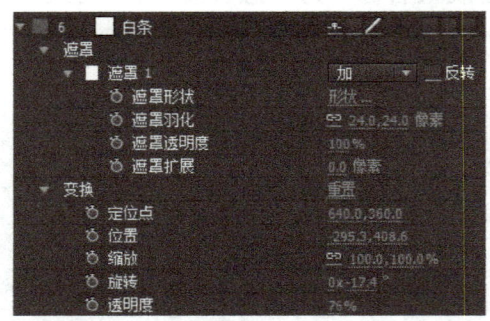

图 2-18

4）选择"白条"图层，按<Ctrl+D>组合键，创建5个副本图层，并调整它们的位置，如图2-19所示。

图 2-19

3．制作多层五角星合成

1）新建合成，背景色设置为黑色，名称为"五角星"。在该合成中新建固态层，颜色设置为白色，名称为"星星"。选择工具栏中的"星形工具"，绘制一个白色五角星。选择"星星"图层，按<Ctrl+D>组合键，创建2个副本图层。

2）选中3个星星图层，按<S>键，展开缩放属性，依次调整3个图层的缩放参数为

150%、125%、100%，如图2-20所示。按<T>键，展开透明度属性，依次调整3个图层的透明度参数为50%、50%、100%，如图2-21所示。

图 2-20

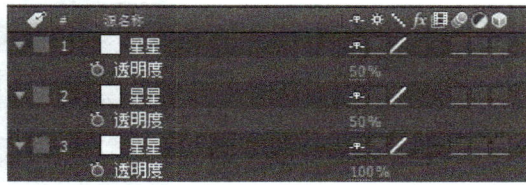

图 2-21

效果图如图2-22所示。

图 2-22

4. 制作光晕合成

1）新建合成，背景色设置为黑色，名称为"光晕"。

2）在该合成中新建固态层，颜色设置为白色，名称为"椭圆"。选择工具栏中的"椭圆遮罩工具"，绘制一个椭圆。再次新建固态层，颜色设置为白色，名称为"正圆"。选择工具栏中的"椭圆遮罩工具"，绘制一个正圆。

3）选中2个图层，按<F>键，展开遮罩羽化属性，依次调整2个图层的遮罩羽化参数为70、20，如图2-23所示。最终效果如图2-24所示。

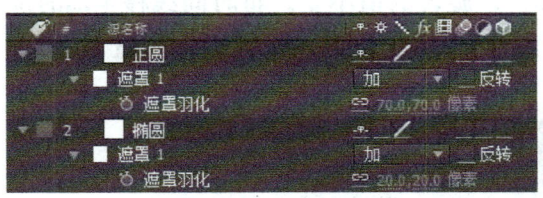

图 2-23

图 2-24

5. 制作预合成

1）新建合成，背景色设置为黑色，名称为"预合成"。

2）选择项目窗口中的空白区域并单击鼠标右键，在弹出的快捷菜单中选择"导入"→"文件"命令，或者使用快捷键<Ctrl+I>，打开"导入文件"对话框，选择本书配套资源中本项目的"文字图片.png"文件，单击"打开"按钮。在项目窗口可以看到导入的素材，如图2-25所示。

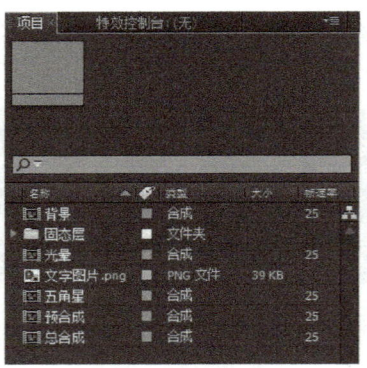

图 2-25

3）从项目窗口中拖动素材"文字图片.png"到时间线窗口，放在"背景"图层上面，并打开3D开关 。展开"文字图片.png"图层的变换属性，设置Z轴旋转的值为（0，-5）。将时间线移至0s的位置，单击缩放和Y轴旋转前面的时间码按钮 ，设置缩放的值为（400，400，400），Y轴旋转的值不变。将时间线移至1s 12帧的位置，设置缩放的值为（150，150，150）。将时间线移至2s的位置，设置Y轴旋转的值为（2，0），从而旋转2周，如图2-26所示。

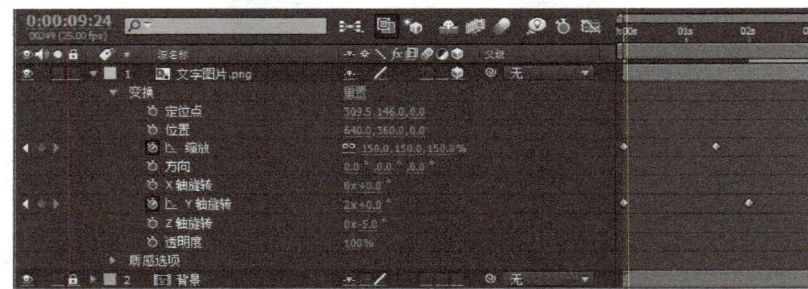

图 2-26

4）从项目窗口中拖动"五角星"合成到时间线窗口，放在"背景"图层上面。展开"五角星"图层的变换属性，将时间线移至1s 16帧的位置，单击位置和旋转前面的时间码按钮 ，设置位置的值为（-268，426），旋转的值不变。将时间线移至2s的位置，设置位置的值为（702，342）。将时间线移至10s的位置，设置旋转的值为（2，0），如图2-27所示。

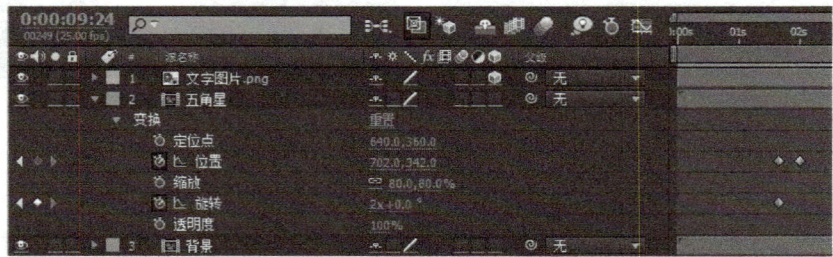

图 2-27

6. 在预合成中创建蓝色条

1）在预合成中新建固态层，名称为"蓝色条"，宽1400px，高80px，颜色设置为

(45, 106, 255), 如图2-28所示。选中"蓝色条"图层，拖动至"五角星"图层下面。

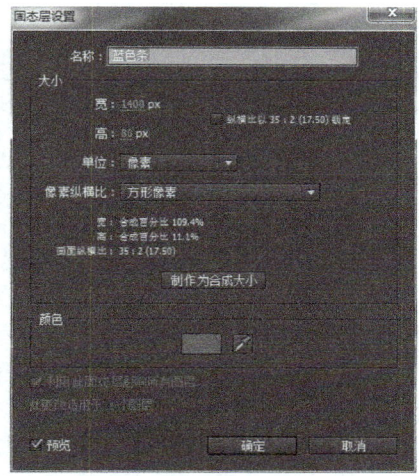

图 2-28

2) 展开"蓝色条"图层的属性，设置"旋转"的值为（0，-7）。将时间线移至2s的位置，单击位置前面的时间码按钮，设置位置的值为（-716，436）。将时间线移至2s 12帧的位置，设置位置的值为（642，280），如图2-29所示。

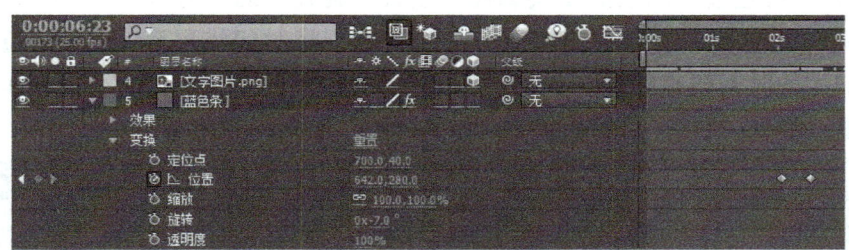

图 2-29

3) 选择"蓝色条"图层，在菜单栏中执行"效果"→"透视"→"阴影"命令，为蓝色条增加阴影效果。在特效控制台设置阴影效果，"距离"的值为15，"柔化"的值为40，如图2-30所示。

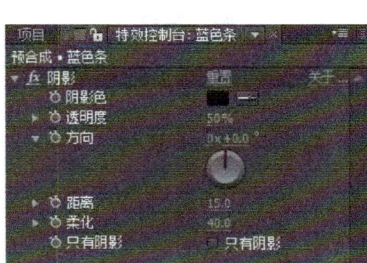

图 2-30

7. 在预合成中创建粉色条

1) 选择"蓝色条"图层，按<Ctrl+D>组合键创建副本图层。选择原图层，在菜单栏中执行"图层"→"固态层设置"命令（快捷键为<Ctrl+Shift+Y>），打开"固态层设置"窗口，改名称为"粉色条"，颜色设置为（255，88，88），如图2-31所示。

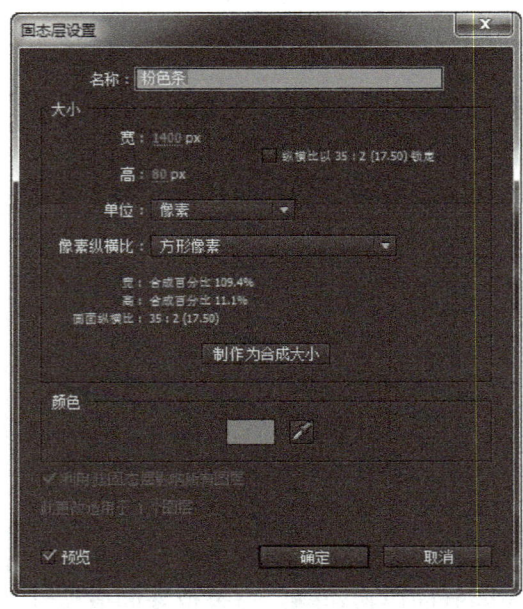

图 2-31

2）展开"粉色条"图层的变换属性，设置"旋转"的值为（0，-10）。单击位置前面的时间码按钮，清除该属性原有的关键帧。将时间线移至2s 8帧的位置，单击"位置"前面的时间码按钮，设置"位置"的值为（-716，660）。将时间线移至2s 20帧的位置，设置"位置"的值为（642，444），如图2-32所示。

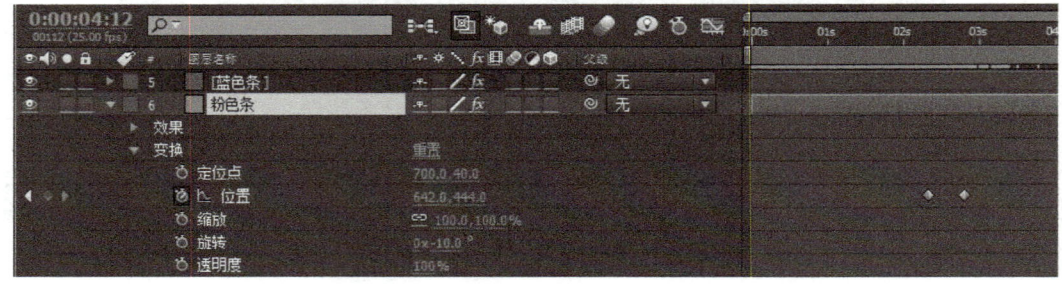

图 2-32

 小提示

选中关键帧，按<Delete>键，也可以清除关键帧。

8. 在预合成中创建绿色条

用步骤8的方法，创建"绿色条"图层，颜色设置为（45，173，41），将它放在"五角星"图层的下面。展开"绿色条"图层的属性，设置"旋转"的值为（0，-8）。单击位置前面的时间码按钮，清除原有的关键帧。将时间线移至2s 4帧的位置，单击"位置"前面的时间码按钮，设置"位置"的值为（-708，556）。将时间线移至2s 15帧的位置，设置"位置"的值为（658，360），如图2-33所示。

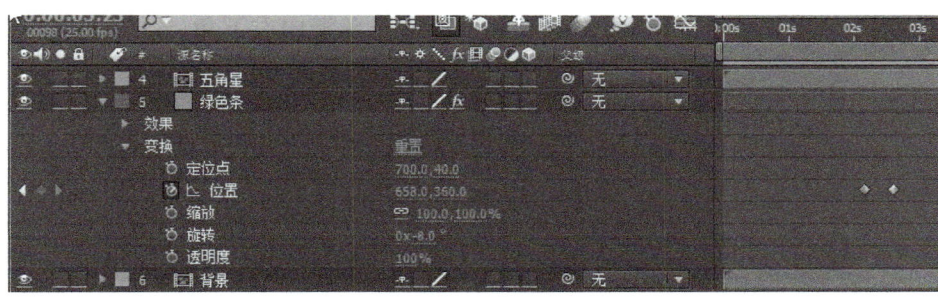

图 2-33

9. 在预合成中使用光晕合成

1)将项目窗口中的"光晕"合成拖动到时间线上,改名字为"光晕上"。展开"光晕上"图层的变换属性,设置"缩放"的值为(50,50),"旋转"的值为(0,-7)。将时间线移至2s 20帧的位置,单击"位置"前面的时间码按钮 ,设置"位置"的值为(-190,342)。将时间线移至3s 20帧的位置,设置"位置"的值为(1546,128),如图2-34所示。使光晕沿着蓝色条上行。

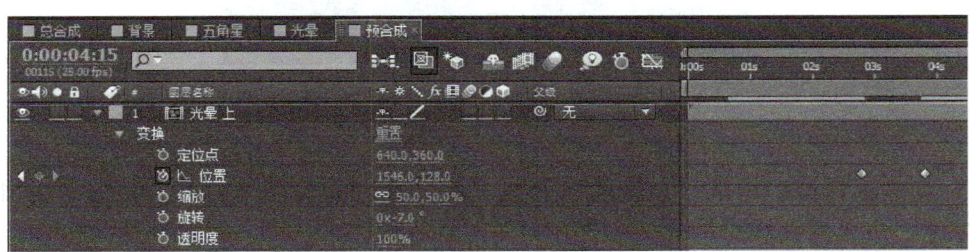

图 2-34

2)将项目窗口中的"光晕"合成拖动到时间线上,改名字为"光晕下"。展开"光晕下"图层的变换属性,设置"缩放"的值为(50,50),"旋转"的值为(0,-10)。将时间线移至2s 20帧的位置,单击位置前面的时间码按钮 ,设置"位置"的值为(1488,336)。将时间线移至3s 20帧的位置,设置"位置"的值为(-312,652),如图2-35所示。使光晕沿着红色条下行。

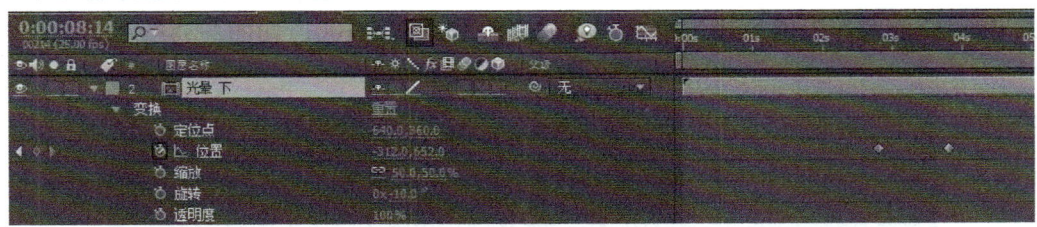

图 2-35

3)将项目窗口中的"光晕"合成拖动到时间线上,改名字为"光晕中"。展开"光晕中"图层的属性,设置"缩放"的值为(50,50),"旋转"的值为(0,111)。将时间线移至4s的位置,单击"位置"和"透明度"前面的时间码按钮 ,设置"位置"的值为[268,192],"透明度"的值为0。将时间线移至4s 12帧的位置,设置"透明度"的值为100。将时间线移至7s 14帧的位置,单击"位置"左侧的图标 ,插入一个关键帧。时间线移至8s的位置,设置"位置"的值为(1051,519),"透明度"的值为0,如图2-36所示。使光晕从文字的左上角滑向右下角。

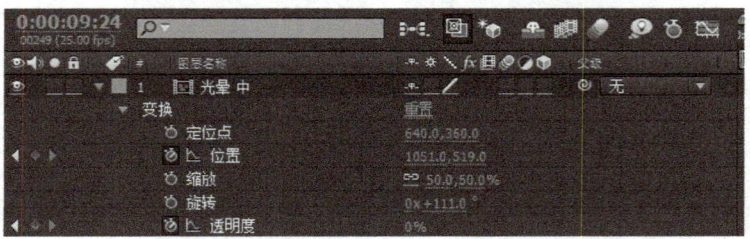

图 2-36

4) 将时间线移至3s的位置,"预合成"的效果图如图2-37所示。

图 2-37

10. 制作总合成

1) 双击项目窗口中的"总合成"合成,将其在时间线面板打开。将项目窗口中的"预合成"合成拖动到时间线上。

2) 选择"预合成"图层,改名称为"预合成右上角"。执行菜单栏中的"效果"→"过渡"→"线性擦除"命令,以及"效果"→"透视"→"阴影"命令,添加"线性擦除"和"阴影"两个效果。

3) 展开"预合成右上角"图层的效果属性,设置"线性擦除"的"擦除角度"为286,"阴影"的方向为105、"距离"为25、"柔化"为135。将时间线移至0s的位置,单击"线性擦除"的"完成过渡"前面的时间码按钮 ,设置"完成过渡"的值为0。将时间线移至2s的位置,设置"完成过渡"的值为100,如图2-38所示。

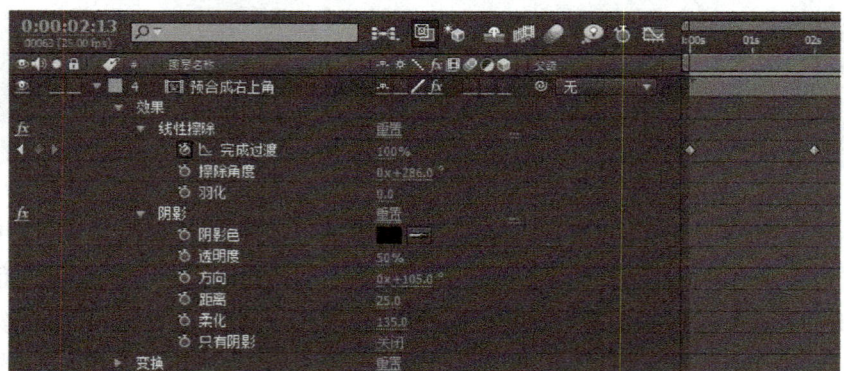

图 2-38

4) 选择"预合成右上角"图层,使用3次<Ctrl+D>组合键,创建3个副本图层,从上到下，依次改名称为"预合成右下角""预合成左下角""预合成左上角"。分别设置4个图层线性擦除效果的"擦除角度"和阴影效果的"方向"的值。

"预合成右下角"的擦除效果的"擦除角度"为196，阴影效果的"方向"为22。
"预合成左下角"的擦除效果的"擦除角度"为146，阴影效果的"方向"为33。
"预合成左上角"的擦除效果的"擦除角度"为30，阴影效果的"方向"为-139。
最终的效果图如图2-39所示。

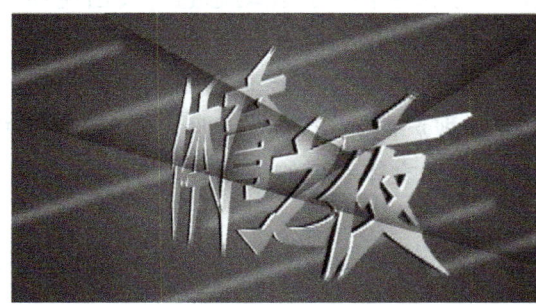

图　2-39

项目审核和交接

1）本项目的两个任务由小组成员完成后，交由栏目组主管审核。
2）经过栏目组主管审核后，需修改的部分进行首次修改。
3）展示给小范围内观众，根据观众的意见，小组成员进行二次修改。
4）一般经过2～3次的修改后，最终完成任务的审核和交接。

知识归纳

图层的顺序和属性等概念、遮罩的概念、关键帧的概念、摄像机的使用等。

项目拓展

请读者利用配套资源"CH02"文件夹中"练习"，结合不同类型的栏目，制作一些更有创意的片头。

项目评价

在本项目中，学习了如何使用After Effects软件制作娱乐类节目片头。通过2种主题、平面和立体的形式，以及After Effects软件基本知识点的掌握，了解节目片头制作流程。通过本项目的学习，做一个项目评价和自我评价。

《制作娱乐类节目片头》	很满意	较满意	有待改进	不满意
项目设计的评价				
项目的完成情况				
知识点的掌握情况				
与本组成员协作情况				
栏目主管对项目的评价				
自我小结				

学习单元2　制作电视栏目包装

项目3　制作电视节目和频道片花

项目描述

电视片花的特点是短小精悍、富有感染力、具有提示听众与强调节目的作用，并且对所播出的频道、栏目或节目，能起到宣传包装、介绍内容及间隔过渡的效果。制作的基本原则是构思要巧、手法多样、强化动态感、突出现场感，语言精炼到位，讲求具体形象，画面感强。

本项目分为两个任务，一个是制作《旅游卫视》频道片头，一个是制作《电影放映室》栏目包装。《旅游卫视》的频道片头用照片留着旅游中的快乐记忆和人文情怀。《电影放映室》栏目包装用立体动感的效果体现艺术气息。

▶▶▶ 任务1　制作《旅游卫视》频道片花

任务分析

在设计旅游卫视的频道片花中，并没有应用太多绚丽的视频特效，主要通过带有特效的文字动画、富有动感的晒照片的动作，在简单的变化中表现强烈的艺术效果。本任务的制作环节主要分为3个部分：一是制作文字片头，二是制作抛照片片中，三是在总和成中合并前两部分并添加文字动画。

任务实施

1. 新建总合成

在菜单栏中选择"图像合成"→"新建合成组"命令，在弹出的对话框中设置"合成组名称"为"总合成"，"预置"选择"PAL D1/DV"，"持续时间"设为35s，"背景色"设置为黑色，单击"确定"按钮建立一个合成，这将作为本项目的总合成来使用，如图2-40所示。

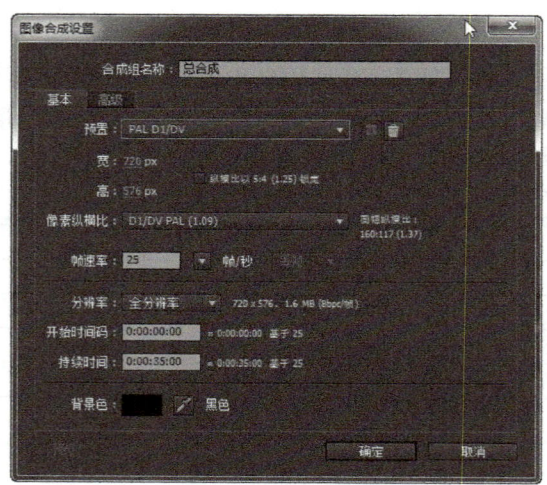

图　2-40

2. 制作文字片头合成

用步骤1的方法新建合成，名称为"片头"，"持续时间"为5s，"背景色"设置为白色。

3. 文字"旅游卫视"

1）用"文字工具"，在片头合成窗口中单击并输入文字"旅游卫视"。选中文字，在字符面板中，设置字体为YouYuan，字体大小为55px，颜色为黑色，加粗。其他参数设置如图2-41所示。

2）选择"旅游卫视"图层，在菜单栏中执行"效果"→"透视"→"阴影"命令，增加阴影效果。在特效控制台设置阴影效果，"透明度"为80，"方向"为159，"距离"为6，"柔化"为30，如图2-42所示。

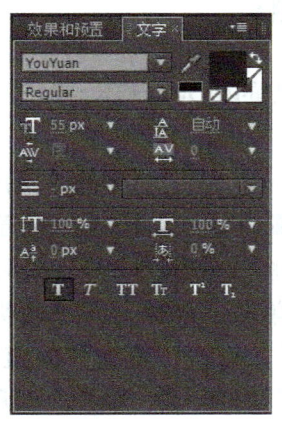

图 2-41

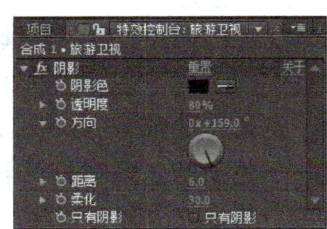

图 2-42

3）展开"旅游卫视"图层的变换属性，设置定位点的值为（110，-17），使定位点在文字的中心。将时间线移至0s的位置，单击"缩放"和"透明度"前面的时间码按钮，设置"缩放"的值为（300，300），"透明度"的值为0。将时间线移至1s的位置，设置"缩放"的值为（100，100），"透明度"的值为100。单击位置前面的时间码按钮，"位置"的值为（296.3，259.7）。将时间线移至4s的位置，设置"位置"的值为（459.8，259.7），单击"缩放"和"透明度"左侧的图标，插入一个关键帧。将时间线移至5s的位置，设置"缩放"的值为（300，300），"透明度"的值为0，如图2-43所示。

图 2-43

4. 文字"文化"

1）用"文字工具"，在合成窗口中单击并输入文字"文化"。选中文字，在字符面板中，设置字体为FZShuTi，字体大小为90px，颜色为（114，70，27），加粗。其他参数设置如图2-44所示。

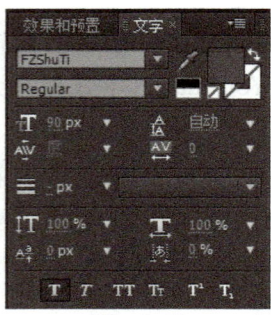

图 2-44

2）展开"文化"图层的变换属性，设置定位点的值为（118，0），使其定位点在文字的中间底部。将时间线移至0s的位置，单击"位置""缩放"和"透明度"前面的时间码按钮，设置"位置"的值为（837.3，-74.5），"缩放"的值为（350，350），"透明度"的值为0。将时间线移至1s的位置，设置"位置"的值为（477.3，201.5），"缩放"的值为（100，100），"透明度"的值为100。将时间线移至4s的位置，设置"位置"的值为（256.3，201.5），单击"缩放"和"透明度"左侧的图标，插入一个关键帧。将时间线移至5s的位置，设置"位置"的值为（156.3，129.5），"缩放"的值为（350，350），"透明度"的值为0，如图2-45所示。

图 2-45

5. 文字"历史与古韵"

1）用"文字工具"，在合成窗口中单击并输入文字"历史与古韵"。字体设置和文字"文化"一致。

2）展开"历史与古韵"图层的变换属性，设置定位点的值为（306，-66），使其定位点在文字的中间顶部。将时间线移至0s的位置，单击"位置""缩放"和"透明度"前面的时间码按钮，设置"位置"的值为（-2，592），"缩放"的值为（350，350），"透明度"的值为0。将时间线移至1s的位置，设置"位置"的值为（276，312），"缩放"的值为（100，100），"透明度"的值为100。将时间线移至4s的位置，设置"位置"的值为（576，312），单击"缩放"和"透明度"左侧的图标■，插入一个关键帧。将时间线移至5s的位置，设置"位置"的值为（840，530），"缩放"的值为（350，350），"透明度"的值为0，如图2-46所示。

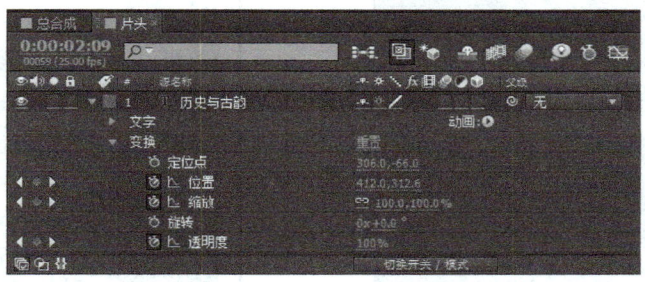

图 2-46

片头效果如图2-47所示。

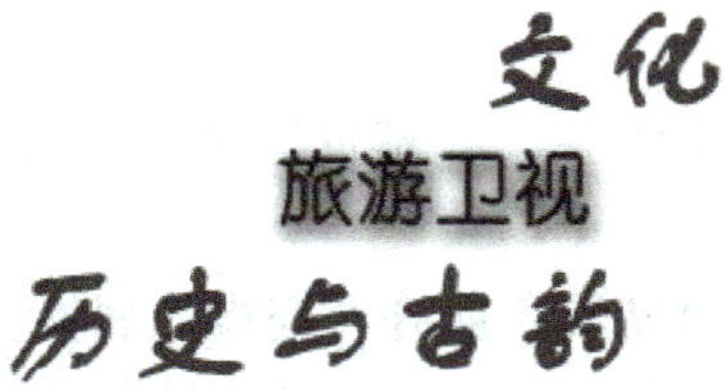

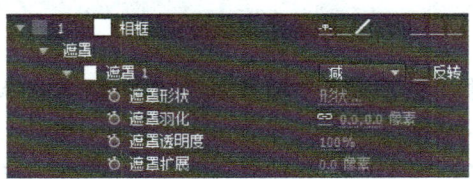

图 2-47

6. 制作照片合成

1）新建合成，名称为"照片1"，宽250px，高300px，持续时间为30s，"背景色"设置为黑色。

2）在该合成中新建固态层，宽250px，高300px，颜色设置为白色，名称为"相框"。选择工具栏中的"矩形遮罩工具"，单击"相框"图层，然后在合成窗口中绘制矩形遮罩，叠加模式为减，如图2-48所示。

图 2-48

3）在项目窗口中的空白区域单击鼠标右键，在弹出的快捷菜单中选择"导入"→"文件"命令，或者使用快捷键<Ctrl+I>，打开"导入文件"对话框。按住<Shift>键，选择本书配套资源中本项目的6个文件，然后单击"打开"按钮。在项目窗口中可以看到导入的素材，如图2-49所示。

4）拖动项目窗口中的"1.jpg"文件到时间线上，并放在"相框"图层下面，缩放大小，并调整位置，使图片放在相框下面的合适位置，如图2-50所示。

5）选中项目窗口中"照片1"合成，按<Ctrl+D>组合键建立5个副本。依次打开它们，用其他照片文件替换"1.jpg"，并注意缩放大小和调整位置。

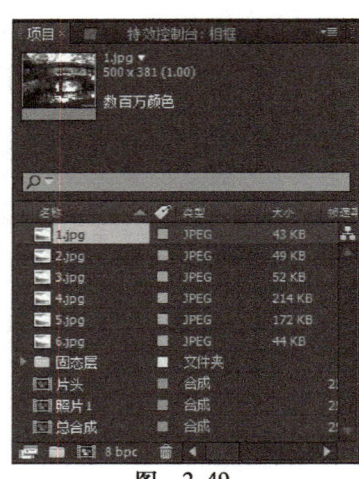
图 2-49

图 2-50

7. 制作抛照片片中

1）新建合成，名称为"片中"，"预置"选择"PAL D1/DV"，持续时间设为35s，"背景色"设置为黑色。

2）将"照片1"合成拖入时间线，展开"变换"属性，设置"缩放"的值为（82，82）。将时间线移至0s的位置，单击"位置""旋转"前面的时间码按钮，设置"位置"的值为（830，-112），"旋转"的值为（0，151）。将时间线移至1s的位置，设置"位置"的值为（178，190），"旋转"的值为（0，-21），如图2-51所示。

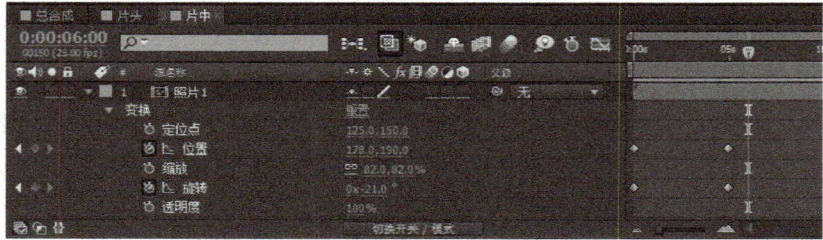
图 2-51

3）用步骤2）的方法，依次将5个照片从右上角翻滚进入合成窗口，注意时间间隔。最后的效果图如图2-52所示。

图 2-52

8. 制作总合成

1）双击项目窗口中的"总合成"，在时间中的面板打开"总合成"合成。

2）在该合成中新建固态层，宽990px，高792px，颜色设置为（206，171，62），名称为"底色"。

3）在该合成中新建固态层，宽990px，高792px，颜色设置为黑色，名称为"噪波"。在菜单栏中执行"效果"→"杂波与颗粒"→"分形噪波"命令，展开"噪波"图层的效果、变换属性，按照图2-53所示进行设置。

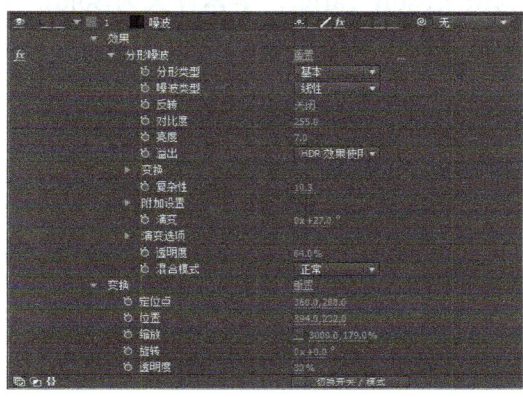

图 2-53

4）选中"噪波"图层，按<R>键快速打开旋转属性，将时间线移至5s的位置，单击旋转前面的时间码按钮。将时间线移至30s的位置，设置"旋转"的值为（0，9），如图2-54所示。

图 2-54

5）将项目窗口中的"片头"合成拖入时间线，从0s开始播放。

6）将项目窗口中的"片中"合成拖入时间线，从5s开始播放。展开图层的属性，将时间线移至5s的位置，单击"缩放"和"旋转"前面的时间码按钮，设置"缩放"的值为（120，120）、"旋转"的值为11。将时间线移至30s的位置，设置"缩放"的值为（100，100）、"旋转"的值为0，如图2-55所示。

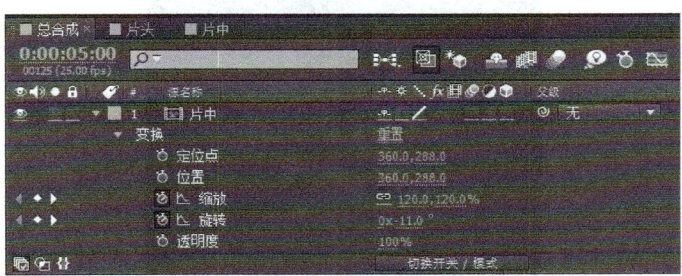

图 2-55

7）在该合成中新建固态层，宽720px，高576px，颜色设置为黑色，名称为"遮幕"。选择工具栏中的"椭圆形遮罩工具"，单击"遮幕"图层，然后在合成窗口中绘制圆形遮罩，圆的直径和窗口的宽度一致，叠加模式为减。

8）展开遮罩的属性，设置遮罩羽化的值为（325，325）。将时间线移至30s的位置，单击遮罩扩散前面的时间码按钮，设置遮罩扩散的值为300。将时间线移至34s的位置，设置遮罩扩散的值为-170，如图2-56所示。

9）用"文字工具"，在合成窗口中单击并输入文字"旅游卫视"。选中文字，在字符面板中，设置字体为Microsoft YaHei，字体样式为Bold，字体大小为105px，颜色为白色，加粗。其他参数设置如图2-57所示。

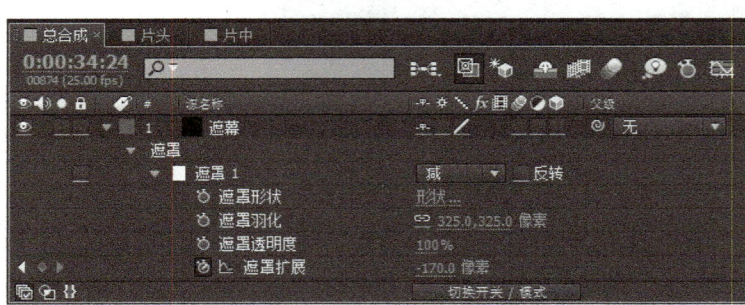 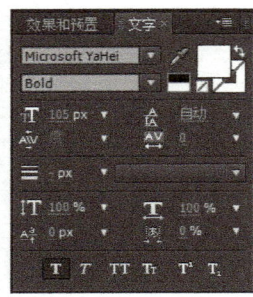

图 2-56　　　　　　　　　　　图 2-57

10）选中"旅游卫视"图层，按<T>键，快速打开透明度属性，将时间线移至30s的位置，单击透明度前面的时间码按钮，设置"透明度"的值为0。将时间线移至34s的位置，设置"透明度"的值为100，如图2-58所示。

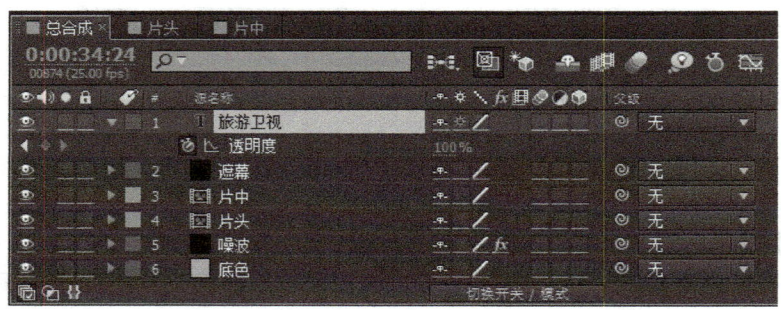

图 2-58

最终的效果图如图2-59所示。

图 2-59

任务2 制作《电影放映室》栏目包装

任务分析

在设计电影放映室的栏目包装中,主要使用三维空间和摄像机,在立体展台中展示动画效果,在摄像机的运动中表现强烈的艺术效果。本任务的制作环节主要分为3个部分:制作圆环动画、制作绿丝带、在总和成中制作三维空间和摄像机运动。

任务实施

1. 新建总合成

在菜单栏中选择"图像合成"→"新建合成组"命令,在弹出的"图像合成设置"对话框中设置"合成组名称"为"总合成","预置"选择"PAL D1/DV","持续时间"设为7s,"背景色"设置为黑色,单击"确定"按钮建立一个合成,这将作为本项目的总合成来使用,如图2-60所示。

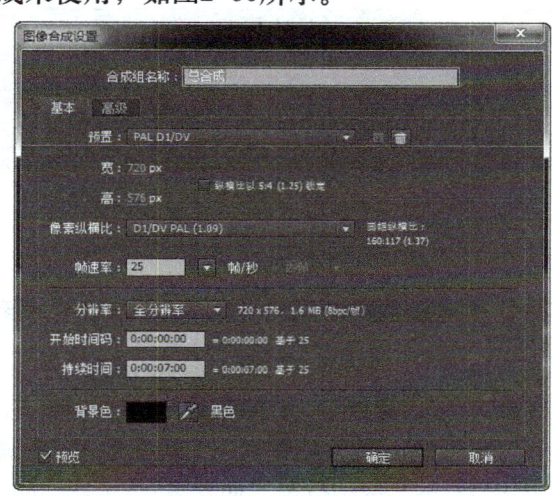

图 2-60

2. 制作圆环动画

1) 用步骤1的方法,新建合成,名称为"圆环动画"。

2) 新建一个绿色的固态层,颜色设置可以任意,名称为"圆环1"。选中"圆环1"图层,在菜单栏中执行"效果"→"生成"→"渐变"命令,添加渐变效果。展开"圆环1"图层的效果属性,并设置"渐变形状"为线性渐变,"渐变开始"位置为(586,76),"开始色"为绿色(9,193,0),"渐变结束"位置为(116,504),"结束色"为白色(255,255,255),如图2-61所示。

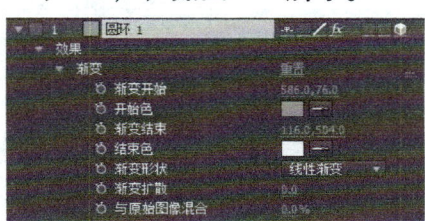

图 2-61

3）选择工具栏中的"椭圆形遮罩工具"，单击圆环1图层，然后在合成窗口中绘制两个同心圆遮罩，并设置圆环1图层中遮罩的叠加模式，"外圆"为"加"，"内圆"为"减"。这样就可以得到一个圆环，如图2-62和图2-63所示。

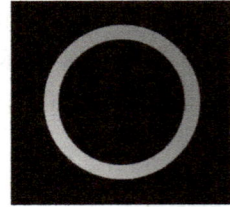
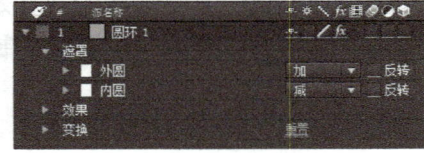

图 2-62　　　　　　　图 2-63

4）使用<S>键，快速展开"圆环1"的缩放属性，将时间线移至到第4帧的位置，单击缩放前面的时间码按钮，设置"缩放"的值为（0，0）。将时间线移至15s的位置，设置"缩放"的值为（60，60）。将时间线移至19s的位置，设置"缩放"的值为（30，30），如图2-64所示。

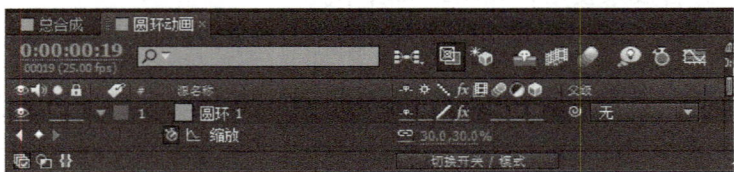

图 2-64

> **小提示**
>
> 在时间线窗口的下方，拖动 里面的指针，可以放大至单帧，或缩小为整段合成。

5）按<Ctrl+D>组合键，为"圆环1"图层创建3个副本图层，并重命名为圆环2、圆环3、圆环4。选择4个圆环图层，按快捷键<S>，快速展开4个圆环的缩放属性。

同时移动"圆环2"图层的3个关键帧位置，使其第1个关键帧的位置在第9帧，设置第2个关键帧的"缩放"的值为（80，80），第3个关键帧的"缩放"的值为（50，50）。

同时移动"圆环3"图层的3个关键帧位置，使其第1个关键帧的位置在第13帧，设置第2个关键帧的"缩放"的值为（100，100），第3个关键帧的"缩放"的值为（80，80）。

同时移动"圆环4"图层的3个关键帧位置，使其第1个关键帧的位置在第16帧，设置第2个关键帧的"缩放"的值为（130，130），第3个关键帧的"缩放"的值为（110，110），如图2-65所示。

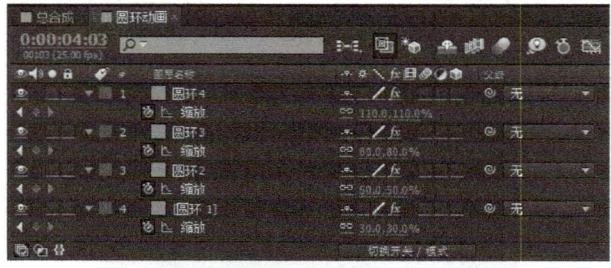

图 2-65

效果如图2-66所示。

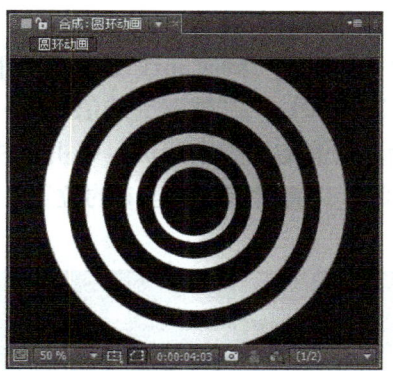

图 2-66

> **小提示**
>
> 一起移动关键帧的方法是：复选或框选多个关键帧，拖动它们到合适位置。

3．制作绿丝带

1）新建合成，名称为"绿丝带"。

2）新建一个固态层，颜色设置为深绿色（28，147，0）。选中固态层，按快捷键<S>，快速展开缩放属性，单击 ，取消缩放约束比例，设置缩放的值为（100，10）。

3）再新建一个固态层，颜色设置为深绿色（28，147，0）。选中固态层，按<S>键快速展开缩放属性，单击 ，取消缩放约束比例，设置"缩放"的值为（100，7.5）。

效果如图2-67所示。

4．制作总合成

1）新建一个固态层，颜色设置可以任意，名称为"底色"，打开3D开关 ，设置"缩放"的值为（400，400，400），"位置"的值为（366，288，900）。在菜单栏中执行"效果"→"生成"→"渐变"命令，添加渐变效果。展开效果属性，并设置"渐变形状"为放射渐变，"渐变开始"位置为（360，288），"开始色"为白色（255，255，255），"渐变结束"位置为（-300，600），"结束色"为黑色（0，0，0），如图2-68所示。

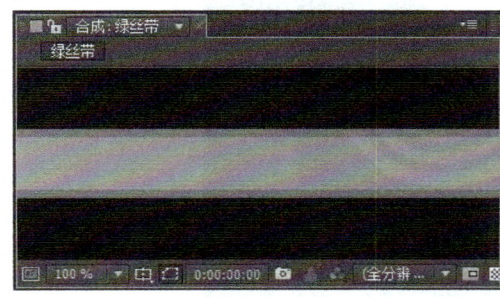

图 2-67

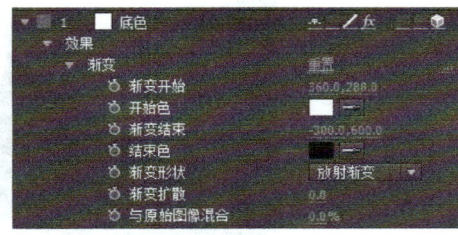

图 2-68

2）从项目窗口中，拖动"圆环动画"到时间线窗口，打开3D开关 ，设置属性的"位置"值为（380，390，–257），"X轴旋转"的值为–90。使"圆环动画"图层看起来平躺在屏幕下方。

3）从项目窗口中，拖动"绿丝带"到时间线窗口，打开3D开关。展开属性，设置属性"定位点"的值为（0，288，0），"位置"的值为（–340，288，780）。将时间线移至第15帧的位置，单击，取消缩放约束比例，单击缩放前面的时间码按钮，设置"缩放"的值为（0，100，100）。将时间线移至1s的位置，设置"缩放"的值为（100，100，100），如图2-69所示。

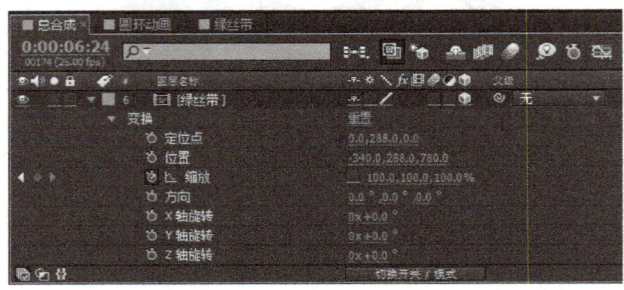

图 2-69

4）按<Ctrl+D>组合键为"绿丝带"图层创建2个副本图层，并重命名为绿丝带2、绿丝带3，展开两个图层的变换属性。

设置"绿丝带2"属性"位置"的值为（388，288，788），"方向"的值为（0，90，0）。一起移动缩放属性的两个关键帧位置，使其第1个关键帧的位置在1s处。

设置"绿丝带3"属性"位置"的值为（380，288，–8）。一起移动缩放属性的两个关键帧位置，使其第1个关键帧的位置在1秒10帧处。

在合成窗口下面的3D视图下拉菜单中，选择"自定义视图1"，可以看到效果图如图2-70所示。

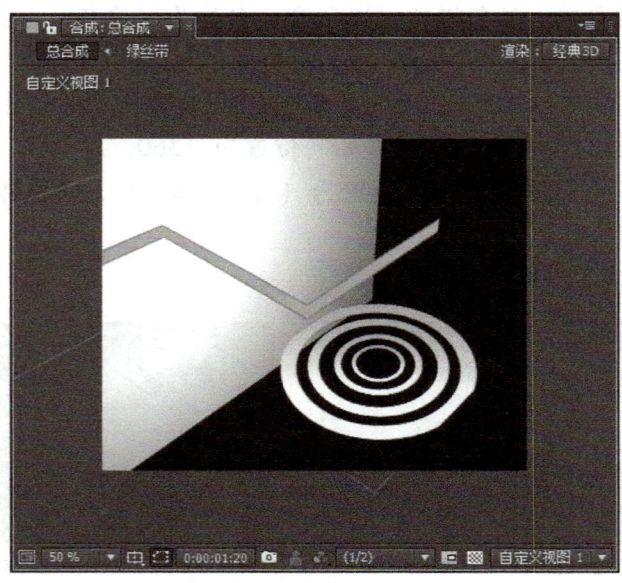

图 2-70

5）选择项目窗口中的空白区域并单击鼠标右键，在弹出的快捷菜单中选择"导入"→"文件"命令，或者使用快捷键<Ctrl+I>，打开"导入文件"对话框。复选本书配套资源中本项目的"文字图片"和"奥斯卡图片"两个文件，然后单击"打开"按钮，在项目窗口中可以看到导入的素材。

6）从项目窗口中，拖动"文字图片.png"到时间线窗口，打开3D开关。在菜单栏中执行"效果"→"透视"→"阴影"命令，增加阴影效果。在特效控制台设置阴影效果，"透明度"为50、"方向"为143、"距离"为8、"柔化"为30，如图2-71所示。

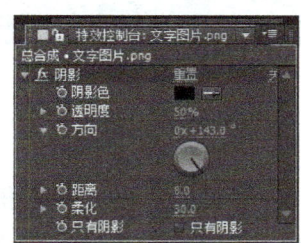

图 2-71

展开"文字图片.png"图层的变换属性，设置位置的值为（592，272，-35）。将时间线移至2s的位置，单击缩放前面的时间码按钮，设置"缩放"的值为（0，0，0），方向的值为（0，0，240）。将时间线移至2s 10帧的位置，设置"缩放"的值为（100，100，100），方向的值为（0，0，0），如图2-72所示。

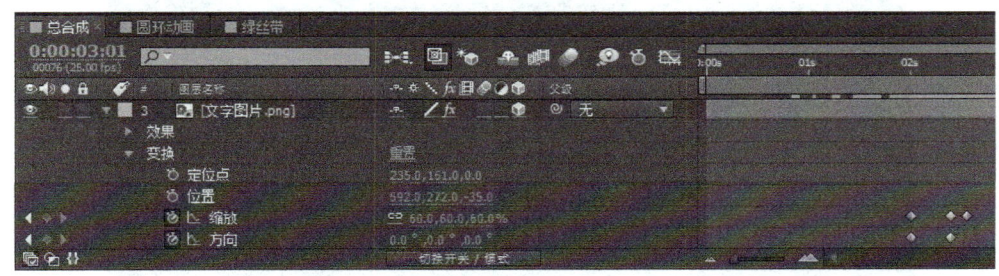

图 2-72

7）从项目窗口中，拖动"奥斯卡图片.jpg"到时间线窗口，打开3D开关。按住<Shift>键复选"文字图片.png"图层的效果和变换属性，按<Ctrl+C>组合键复制属性，选中"奥斯卡图片.jpg"图层，把时间线移至2s处，按<Ctrl+V>组合键粘贴属性。

 小提示

在粘贴属性的时候，请注意3D开关是否打开，以及时间线的位置。

展开"奥斯卡图片.jpg"图层的变换属性，修改缩放属性的第2个关键帧的值为（80，80，80），在2s 14帧的位置添加第3个关键帧，值为（60，60，60）。

将时间线移至5s处，单击位置前面的时间码按钮，设置位置的值为（275，0，

179),单击缩放和方向左侧的图标,插入两个关键帧。将时间线移至6s的位置,设置"位置"的值为(371,286.4,-423),"缩放"的值为(55,0,55,55),"方向"的值为(0,0,359),如图2-73所示。

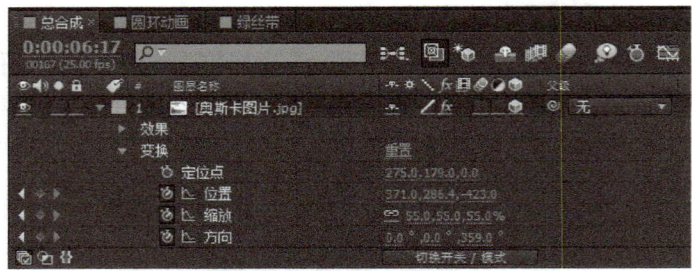

图 2-73

5. 摄像机

1)在菜单栏中执行"图层"→"新建"→"摄像机"命令,打开"摄像机设置"对话框,"预置"的参数为35mm,其他参数不变,单击"确定"按钮,创建一个摄像机图层,如图2-74所示。

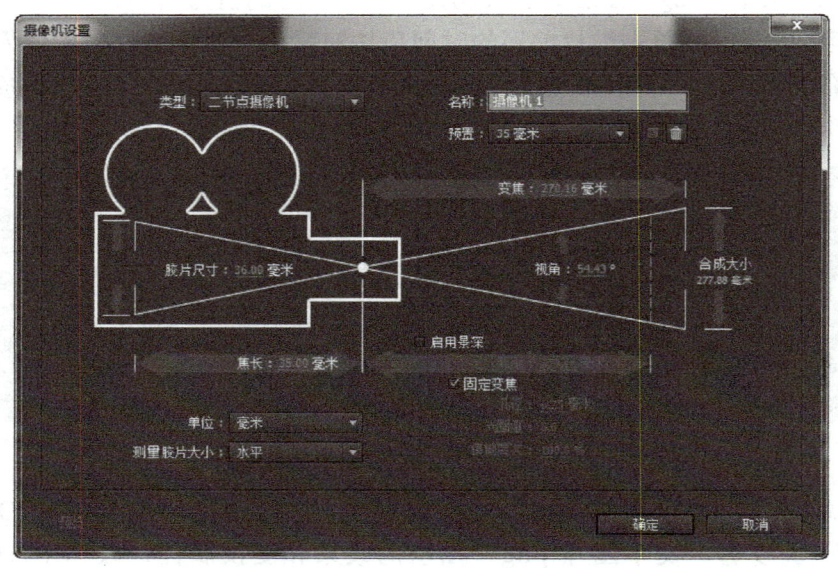

图 2-74

2)展开"摄像机1"图层的变换属性,将时间线移至0s处,单击位置和方向前面的时间码按钮,设置"位置"的值为(316,166,930),"方向"的值为(0,71,315)。将时间线移至第5帧,设置"位置"的值为(316,166,-765),设置"方向"的值为(0,4,4)。单击"Y轴旋转"前面的时间码按钮,插入一个关键帧。将时间线移至6s处,设置"位置"的值为(333,237,-757),设置"方向"的值为(357,7.7,358),设置"Y轴旋转"的值为(0,5),效果图如图2-75所示。

图 2-75

项目审核和交接

1）本项目的两个任务由小组成员完成后，交由栏目组主管审核。
2）经过栏目组主管审核后，需修改的部分进行首次修改。
3）展示给小范围内观众，根据观众的意见，小组成员进行二次修改。
4）一般经过二、三次的修改后，最终完成任务的审核和交接。

知识归纳

合成的嵌套、效果的使用、三维空间的概念、摄像机的使用等。

项目拓展

请读者利用配套资源"CH02"文件夹中的"练习"文件，结合不同类型的频道和栏目，制作一些更有创意的频道片花和栏目包装。

项目评价

在本项目中，学习了使用After Effects软件制作电视频道片花和栏目包装。通过学习一个平面形式和一个立体形式的任务，熟悉AE软件的基本知识点，了解电视频道片花和栏目包装的制作流程。通过本项目的学习，做一个项目评价和自我评价。

《制作电视节目和频道片花》	很满意	较满意	有待改进	不满意
项目设计的评价				
项目的完成情况				
知识点的掌握情况				
与本组成员协作情况				
栏目主管对项目的评价				
自我小结				

学习单元2 制作电视栏目包装

学习单元3

制作商业类电子贺卡和相册

> **单元概述** ▼
>
> 随着互联网的普及和发展,越来越多的人离不开网络。大家利用电子相册、电子贺卡这一类形式来保存照片、传递祝福。与传统照片相比,电子相册、贺卡可以存在计算机、手机上,浏览、传输方便,既新颖又环保。多种形式多种风格,可以满足不同人群不同场合的需求。从孩子成长到毕业典礼,从婚礼庆典到新年祝福,都能用影视视频的形式来表现。

> **学习目标** ▼
>
> 知识目标:熟悉相册类和贺卡类的视频制作流程。这类项目图片、片段较多,如何处理图片出场特效是本项目的重点。
>
> 技能目标:掌握3D图层操作方法,理解摄像机景深的概念,制作步幅动画、圈页等动感画效果。
>
> 情感目标:培养学生团队的协作能力和客户沟通能力。

项目4　制作电子贺卡

项目描述

本项目的任务是制作电子贺卡。电子贺卡种类很多,除了新年卡、圣诞卡之外,还有情人卡、母亲节卡等节日卡。各种节日都有它标志性的图形、色彩和风格,所以在设计上要主题明确、风格鲜明,才能达到传递祝福、情感沟通的作用。

本项目包括两个任务:①"圣诞节电子小贺卡"此任务是典型的节日贺卡,利用节日图形元素和色彩来制作较为简单清新的小动画。②"倒计时动画"此任务是以倒计时为表现形式来制作新年贺卡,风格新颖,同时也能运用在很多其他类型影视作品中。

▶▶▶ 任务1　制作圣诞节电子小贺卡

任务分析

本任务是设计制作一个圣诞节电子贺卡。因为客户已经提供了圣诞树素材,首先将分析素材的组成部分,在每个组件上设计动画。然后搭配上风格统一的文字,最后进行调色,使画面充满节日气氛。

任务实施

1. 新建合成

在菜单栏中选择"图像合成"→"新建合成组"命令(快捷键<Ctrl+N>),在弹出的对话框中设置"合成组名称"为"总合成","预置"选择"HDV/HDTV 720 25","持续时间"设为10s,"背景色"设置为黑色,单击"确定"按钮建立一个合成,这将作为本任务的总合成来使用,如图3-1所示。

2. 导入素材

按<Ctrl+I>组合键导入素材，选择卡通圣诞树AI文件导入，如图3-2所示。

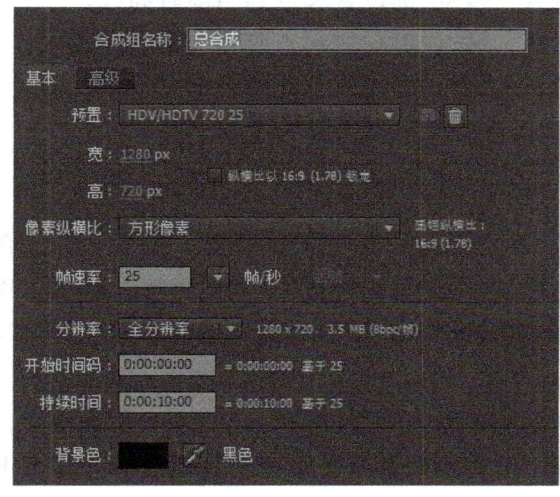

图 3-1   图 3-2

3. 素材分析

打开刚导入的圣诞树合成，里面有很多图层，首先分析一下文件结构：

1) 其中树1~树5是树中间的绿色部分，是第一级动画。
2) 所有名字带绳和带球的都是彩球的绳子和球，作为第二级动画。
3) 第一层星和最后2层的树干和地面属于配件，单独做动画。

分析完以后再做思路就清晰多了。

4. 树冠动画

下面先来做树冠展开的步幅动画。

1) 选择下面树5这一层，单击<S>键展开缩放。时间线移至0s 10帧的位置，按<Alt+[>组合键设置入点。关闭缩放属性的等比链条并设置x缩放为0 ，然后单击缩放前面的码表添加一个关键帧。

2) 时间线移至0s 20帧的位置，设置缩放为[110，100]。
3) 时间线移至0s 24帧的位置，设置缩放为[92，100]。
4) 时间线移至1s 03帧的位置，设置缩放为[106，100]。
5) 时间线移至1s 07帧的位置，设置缩放为[96，100]。
6) 时间线移至1s 11帧的位置，设置缩放为[102，100]。
7) 时间线移至1s 11帧的位置，设置缩放为[100，100]。

这样就有了一个单向缩放的弹性动画。

8) 框选所有缩放关键帧，按<F9>键柔化曲线，按<Ctrl+C>组合键复制这些关键帧。

9) 时间线移至0s 10帧的位置。选中树4，按住<Ctrl>键加选树3、树2和树1这几个层。按<Alt+[>组合键设置入点。按<Ctrl+V>组合键粘贴刚才复制的缩放关键帧。

现在所有的树冠都有了缩放动画。但是是同步的，需要错开它们产生步幅动画。

10）选中树4，时间线移至0s 15帧的位置，按<[>键设置起点到当前时间线。

11）选中树3，时间线移至0s 20帧的位置，按<[>键设置起点到当前时间线。

12）选中树2，时间线移至1s 00帧的位置，按<[>键设置起点到当前时间线。

13）选中树1，时间线移至1s 05帧的位置，按<[>键设置起点到当前时间线。

这样就有了一个树冠绿色部分展开的步幅动画，而且带弹性运动。

5. 彩球动画

1）选中"球5-2"，按<S>键展开缩放，时间线移至1s 10帧的位置。按<Alt+[>组合键设置入点，设置"缩放"为0。然后单击缩放前面的码表添加一个关键帧，时间线移至2s 00帧的位置，设置缩放为100。框选2个关键帧，按<F9>键柔化曲线，按<Ctrl+C>组合键复制关键帧。

2）现在要像前面一样复制关键帧到所有的小球，但是现在层比较多，不好选择。这里需要用到层搜索功能：按<Ctrl+Shift+A>组合键取消全部选择，然后在图层面板上的搜索文本框输入"球"，这样所有名字带球的层就独立出来了。注意，这种状态下不要展开图层属性，否则会跳出现在的独立状态，如图3-3所示。

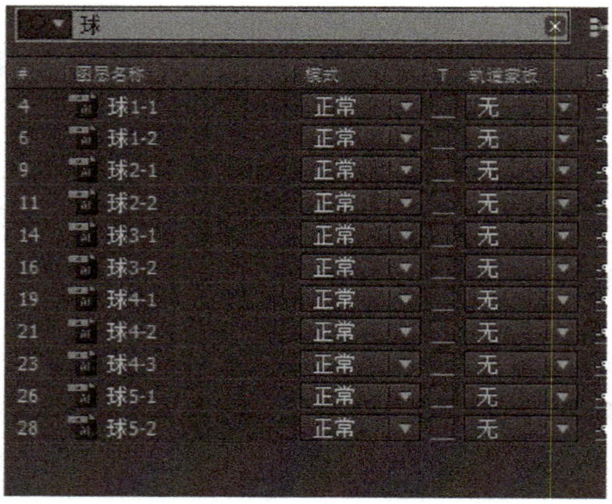

图 3-3

3）时间线移至1s 10帧的位置，选中"球5-2"，按住<Shift>键选中"球1-1"，这样所有图层就被选中了，按<Ctrl+V>组合键粘贴刚才复制的关键帧。

4）按<Alt+[>组合键设置入点，时间线移至1s 13帧的位置。按<Alt+]>组合键设置出点，这样每个层就只有4帧了。

5）在菜单栏中执行"动画"→"关键帧辅助"→"序列图层"命令，在弹出的面板中不要勾选重叠，单击"确定"按钮，这样图层就被依次排开了。

6）按<End>键移动时间线到末尾，按<Alt+]>组合键设置出点，这样后面不够的部分也被补上了，如图3-4所示。

清空搜索栏或者单击搜索栏右边的"叉"按钮就能退出独显状态。

最后还有一个绳子的动画，方法和小球一样，这里不再赘述，请读者自己举一反三完成。

图 3-4

> **小提示**
>
> 这里用了一种比较常用的序列图层的方法；总结起来可分为3步：首先做好每层的动画（一般用复制）；然后设置入点出点使图层长度为要序列的帧数；最后序列图层并补齐出点就可以了。方法比较复杂，但是非常实用。

6. 星星缩放

1）选中最上面一层的星星，时间线移至3s的位置，按<S>键展开缩放，设置为0，并单击码表添加关键帧。

2）时间线移至3s 15帧的位置，设置缩放为110。

3）时间线移至3s 20帧的位置，设置缩放为92。

4）时间线移至4s 00帧的位置，设置缩放为106。

5）时间线移至4s 05帧的位置，设置缩放为96。

6）时间线移至4s 10帧的位置，设置缩放为102。

7）时间线移至4s 15帧的位置，设置缩放为100。

8）框选这些缩放关键帧，按<F9>键柔化曲线。

这样就有了一个星星从无到有的缩放动画。

7. 星星旋转

1）选中星星这一层，按<R>键展开旋转，按住<Alt>键单击旋转前面的码表添加表达式，输入time*30。这样星星就会随时间自动旋转，如图3-5所示。

至此，圣诞树部分的动画就完成了。

2）最后可以缩小合成，按<Crrl+K>组合键打开合成设置，设置宽高如图3-6所示，单击"确定"按钮。这样合成看起来就没有那么多空白的区域。

图 3-5

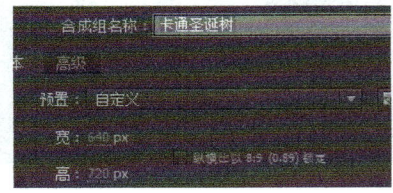

图 3-6

8. 3D搭建

1）在项目面板找到卡通圣诞树合成，拖入总合成。首先要移动它的中心点到图层底边。在工具栏中选择中心点工具 ▦，在视图中拖曳卡通圣诞树这层的中心点 ▬。一直将它拖到靠近底面的位置，如图3-7所示，然后打开图层的3D开关。

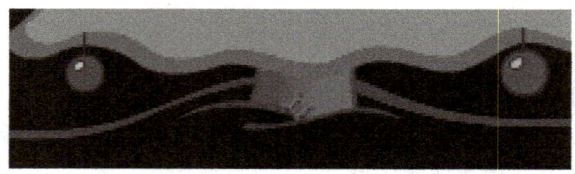

图 3-7

2）现在要将这棵树复制，选择"移动"→"缩放"命令，使它充满整个画面。这里可以开启双视图查看，在"视图"选项 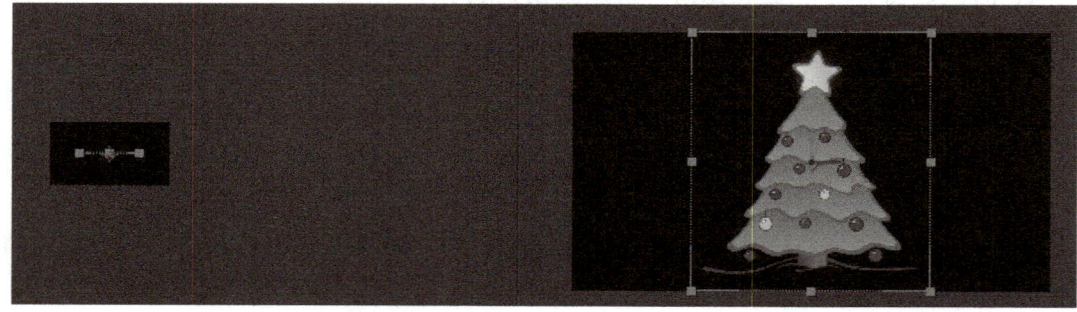里选择2视图。这样就能同时观察顶视图和摄像机视图了，如图3-8所示。

图 3-8

9. 复制

按<Ctrl+D>组合键复制图层，在顶视图拖曳位置，按<S>键缩放。用这些操作复制出一片圣诞树，如图3-9所示。

图 3-9

小提示

这里具体的操作还要读者慢慢体会,参数没有固定的数值,以下数值仅供参考,如图3-10所示。

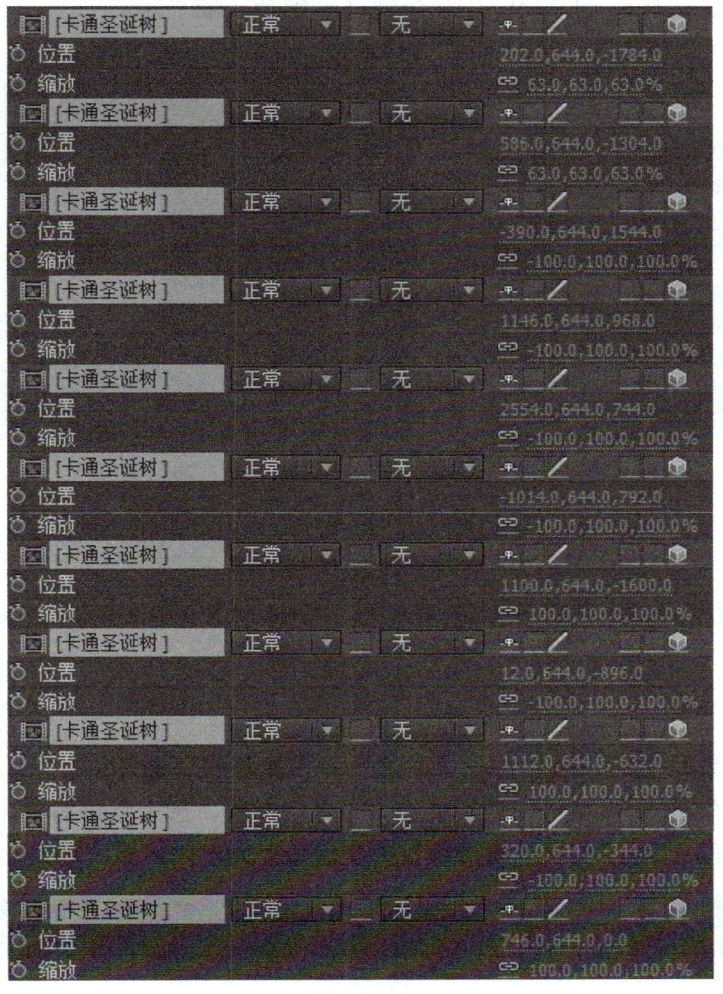

图 3-10

10. 时间偏移

现在每个树的动画时间都是同步,要错开它们。

将时间线移至4s的位置,全选所有的圣诞树层,按小键盘上的<*>键添加一个标记。然后单独选中每个图层,用鼠标随机地向前拖曳一段时间,这样就把动画时间错开了,如图3-11所示。

11. 背景

现在的任务是做一个简单的雪地背景。

1) 先切换回1视图,按<Ctrl+Y>组合键新建固态层,制作为合成大小,取名为背景。

2）为其添加"生成"→"渐变"效果，不需要修改参数。

3）再为其添加"色彩校正"→"彩色光"效果，展开彩色光的输出循环属性，选择"预制调色板"→"渐变灰"命令，然后在此基础上修改输出循环，如图3-12所示。单击圆环边缘加点，双击三角点修改颜色。

4）调好效果后按<Ctrl+Shift+[>组合键移动到合成最下面。

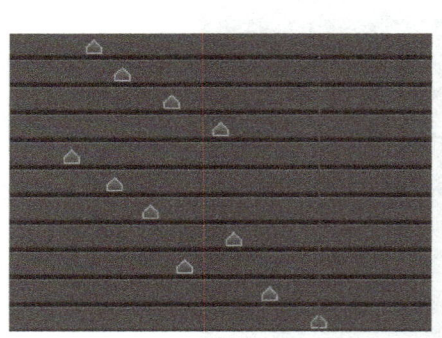

图 3-11

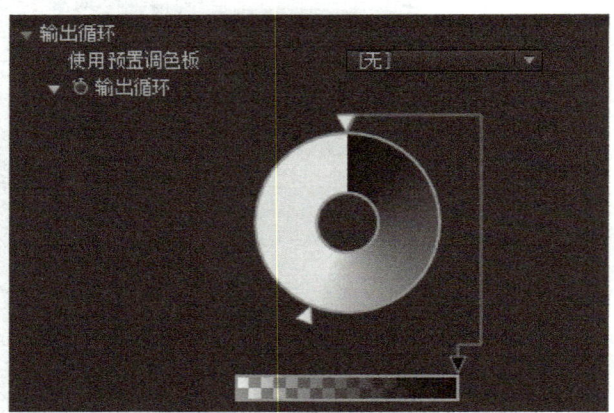

图 3-12

小提示

这里如果彩色光调节不好，可以只要渐变，将渐变的黑色调成深蓝，但是这样做效果会打折扣。

12. 建立摄像机

1）选择菜单栏中的"图层"→"新建"→"摄像机"命令。

2）新建一个28mm摄像机，然后新建一个空白对象，选中空白对象，按<Enter>键改名为摄像机控制。打开3D开关，将摄像机的父级设置为空白对象，效果如图3-13所示。

图 3-13

13. 摄像机动画

下面来做摄像机的拉伸动画。

1）选中摄像机控制层，按<P>键展开位置，在位置属性上单击鼠标右键，在弹出的快捷菜单中选择"分割"参数。这样位置就会变成独立的3个属性来控制，只需要x轴和z轴做动画。

2）将时间线移至0s的位置，设置x轴和z轴位置数值，如图3-14所示，并打上关键帧。

图 3-14

3) 将时间线移至4s的位置，设置x轴位置为640，z轴位置为0。

4) 将时间线移至7s的位置，设置z轴位置为–1500。

5) 将时间线移至最后，设置z轴位置为–1600。

6) 框选所有位置关键帧，按<F9>键柔化曲线。

这样就有了一个向后拉的摄像机动画。刚开始有一个横移动画，这是根据图层位置设置的，要根据图层位置作出相应调整。有些遮挡住镜头的图层也要进行微调，保持整个动画的流畅性。

14. 雪

新建一个固态层，制作为合成大小。添加"效果"→"模拟仿真"→"CC降雪"效果，设置如图3-15所示。

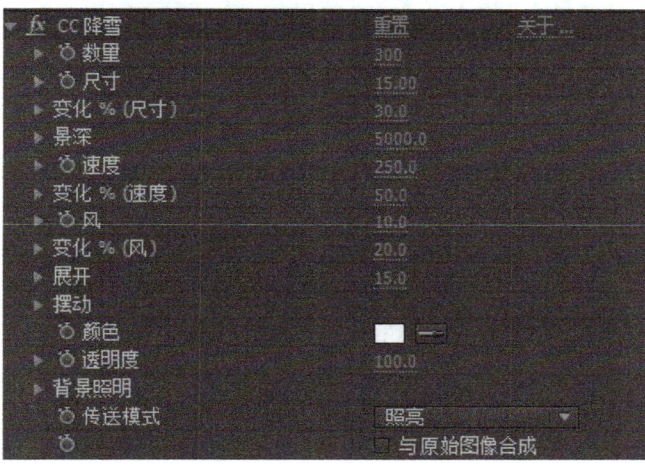

图 3-15

15. 渐入

1) 新建一个固态层，设置为纯黑色，制作为合成大小，取名为淡入。

2) 按<T>键展开透明度，在时间线0s处打一个关键帧。在时间线2s处设置为0，框选关键帧，按<F9>键柔化曲线，这样就有了一个0~2s的从黑场渐入的动画。

16. 文字

新建一个合成，设置与总合成一致，取名为文字。在此合成里新建一个文字层键入喜欢的文字，效果如图3-16所示。

图 3-16

17. 文字嵌套

1）再新建一个合成，设置与总合成一样，命名为文字处理。

2）在项目面板找到文字合成拖入到文字处理合成，为其添加"风格化"→"粗糙边缘"命令。

3）添加"蒙版"→"简单抑制"效果。

4）再添加"生成"→"填充"命令，设置如图3-17所示。

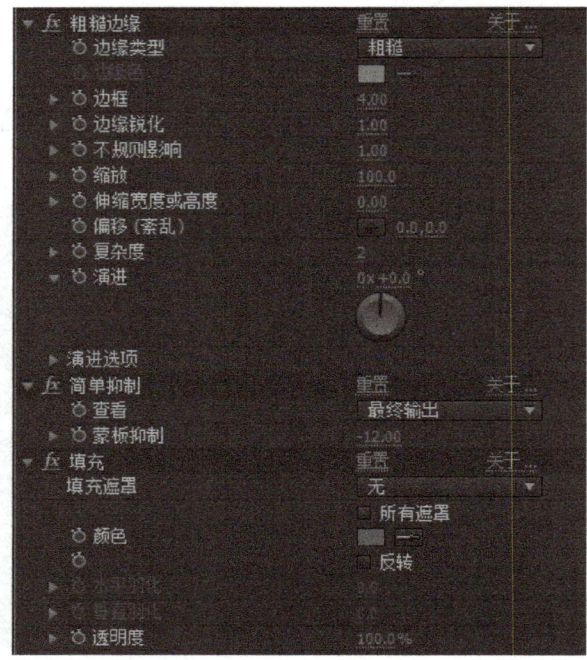

图 3-17

18. 文字效果

现在文字有了一个粗糙边缘的效果，效果如图3-18所示。

图 3-18

1）再在项目面板找到文字合成拖入到文字处理合成，为其添加"风格化"→"粗糙边缘"效果。

2）再添加"蒙版"→"蒙版抑制"效果。

3）再添加"生成"→"填充"效果，设置如图3-19所示。

这样就做了第二个文字粗糙边缘效果。只是边缘比第一个小一些，效果如图3-20所示。

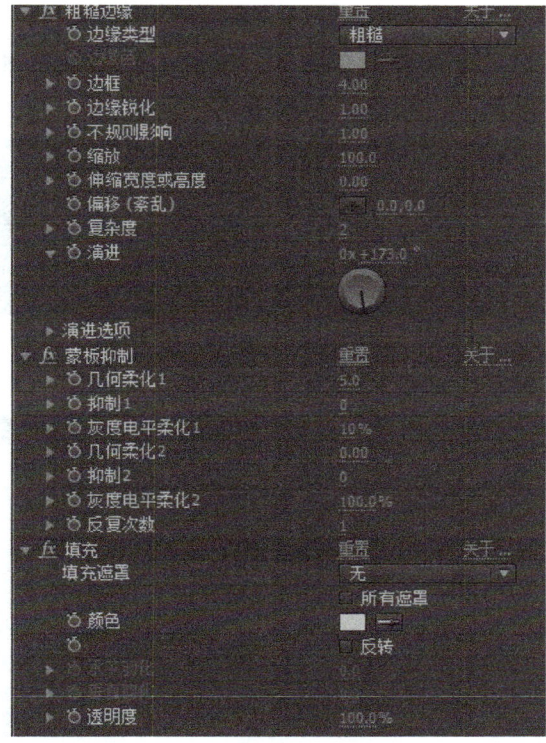

图 3-19

图 3-20

这样设计是为了和圣诞树的风格统一。

19. 合成文字

在项目面板找到文字处理合成，拖入总合成。放到雪图层的上面，渐入图层的下面，打开3D开关，微调位置，效果如图3-21所示。

图 3-21

20. 景深

现在的背景太实，非常影响画面的效果，需要开启摄像机景深。展开摄像机的属性，在里面找到摄像机选项，设置如图3-22所示。

图 3-22

这样画面看上去就好多了，效果如图3-23所示。

图 3-23

21. 调色

新建一个调节层，放到渐入层的下面，文字层的上面。为其添加"风格化"→"辉光"效果，再为其添加"色彩校正"→"照片滤镜"效果，设置如图3-24所示。

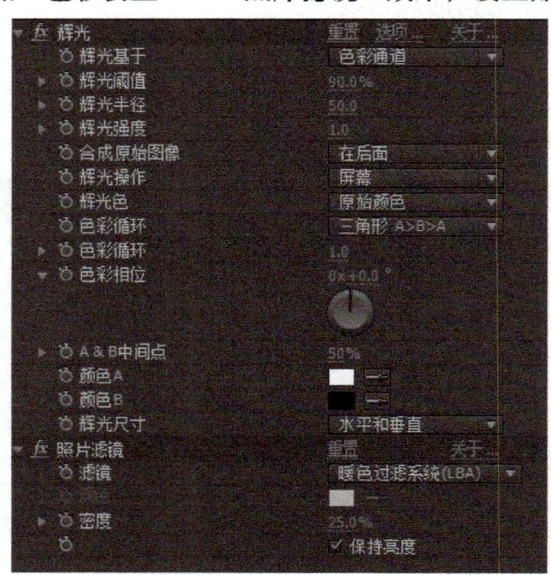

图 3-24

调节完以后画面有反光的效果，就更像雪地了，效果如图3-25所示。

图　3-25

至此，本任务内容就完成了。

▶▶▶ 任务2　制作倒计时日历

任务分析

本任务中倒计时是一种常用的万能效果，其形式也是千变万化，在其他各类影视作品中也能套用。本任务的制作环节主要分为4个部分：制作日历外形、制作动画、摄像机的运用及调色。

任务实施

1. 新建合成

在菜单栏中选择"图像合成"→"新建合成组"命令（快捷键Ctrl+N），在弹出的对话框中设置"合成组名称"为"总合成"，"预置"选择"HDV/HDTV 720 25"，"持续时间"设为10s，"背景色"设置为黑色，单击"确定"按钮建立一个合成，这将作为本任务的总合成来使用，如图3-26所示。

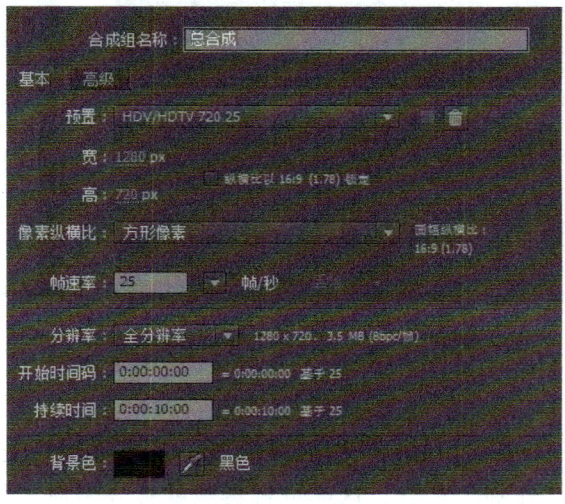

图　3-26

2. 建立日历合成

新建一个合成，大小设置为400px×400px，命名为日历，如图3-27所示。

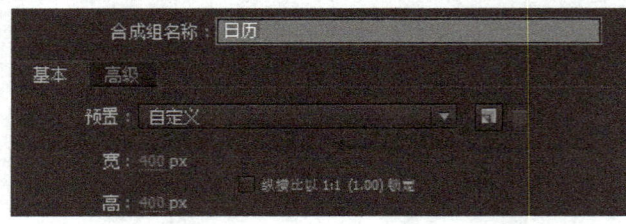

图 3-27

3. 外形制作

1）在菜单栏中执行"图层"→"新建"→"形状图层"命令，选中新建的形状层，按<Enter>键改名为p1。这个名字直接影响到后面的厚度制作，切勿随便命名。

2）单击形状层前面的三角 展开属性，单击目录右边的添加三角 添加 为其添加一个矩形。展开矩形的属性，设置如图3-28所示。

3）再单击添加三角为其添加一个填充，展开填充属性，设置颜色为（213，255，147）。选中矩形和填充两个属性组，按<Ctrl+G>组合键组合，这样就生成了一个形状组，如图3-29所示。

图 3-28   图 3-29

4）选中编组1，按<Ctrl+D>组合键复制出编组2，修改编组2的矩形大小，设置填充颜色为（255，85，62），如图3-30所示。

这样就画了一个简单的日历外形，如图3-31所示。

图 3-30   图 3-31

4. 位置表达式

1）选中p1，打开3D开关，按<P>键展开位置，在位置属性上单击鼠标右键，在弹出的快捷菜单中选择"分割"参数。这样位置参数就被分裂成了独立的3个。

2）按住<Alt>键单击z位置前面的码表添加表达式，输入parseInt（name.substr（1，2））*2，表示根据图层的名字指定z轴的位置：p1为2、p2为4、p3为6，依次类推，如图3-32所示。

图 3-32

5. 厚度制作

选中p1，按<Ctrl+D>组合键复制，一直复制到p50，这样就做出了一个厚度为100的日历，可以到自定义视图1查看，效果如图3-33所示。

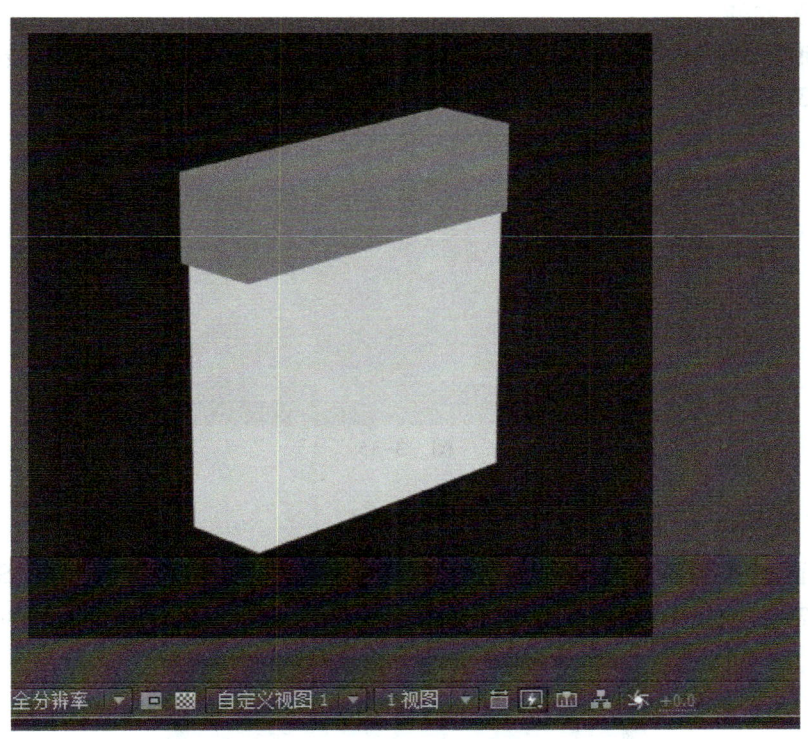

图 3-33

> 小提示
>
> 查看完切换回有效摄像机。

6. 图片合成

按<Ctrl+I>组合键导入配套文件中的一张图片，在项目面板中拖曳图标到新建合成按钮上松开鼠标，这样就会以图片的大小新建一个合成。双击打开新建的合成，按<Ctrl+K>组合键改名为"图片"，如图3-34所示。

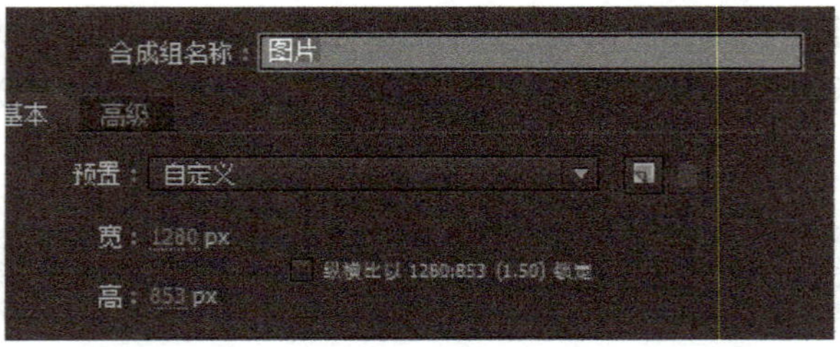

图 3-34

7. 建立文字

1）在图片合成执行"图层"→"新建"→"文字层"命令,输入文字。可以是生日祝福,也可以是别的节日祝福,图片也可以相应换成其他图片。

2）时间线移至8s的位置,选中文字层,按<T>键展开透明度,设置为0,并单击码表添加一个关键帧。

3）时间线移至8s 20帧的位置,设置透明度为100,这样就做了一个最简单的淡入动画,如图3-35所示。

图 3-35

8. 组合图片

在项目面板找到图片合成,拖入到日历合成中。打开3D开关,按<S>键展开缩放,设置为25%。按<P>键展开位置,设置为(200,254,0),效果如图3-36所示。

图 3-36

9. 新建数字页

新建一个合成，命名为页_1，设置如图3-37所示。

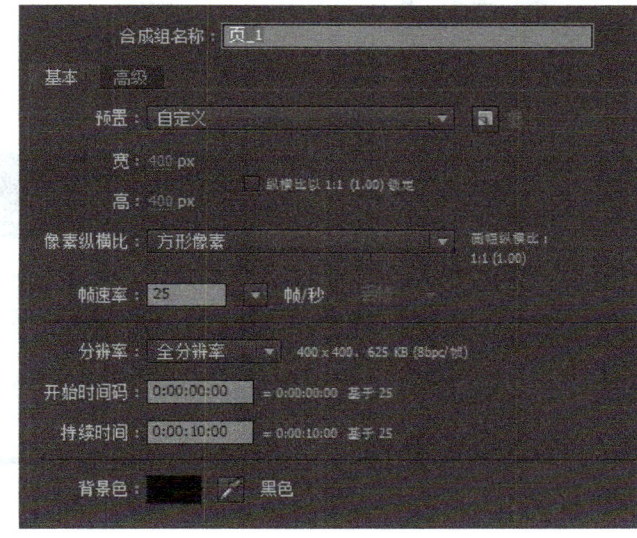

图 3-37

10. 建立数字和底色

1）在页_1合成中按<Ctrl+Y>组合键新建一个固态层，颜色设置为（213，255，147），其他设置如图3-38所示。

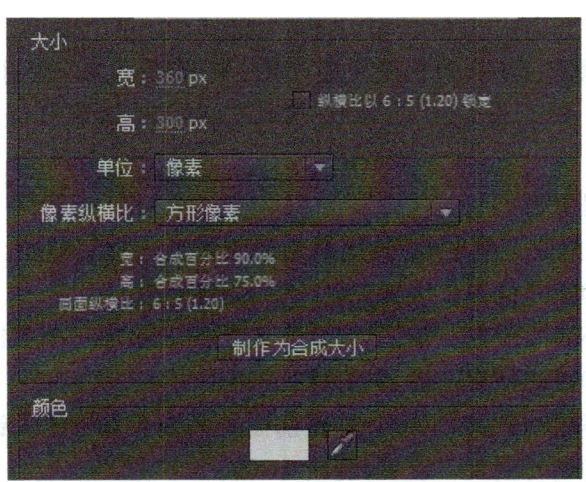

图 3-38

2）选中固态层，按<Enter>键改名为背景。按<P>键展开位置，设置为（200，250）。

在此合成中新建一个文字，输入数字1。在文字面板和段落面板中修改文字属性，如图3-39所示。

这样就做了一张简单的数字，如图3-40所示。

图 3-39

图 3-40

11. 复制数字页

在项目面板选中页_1，按<Ctrl+D>组合键复制，一直复制到页_5。逐个打开每个数字页进行合成，双击里面的文字层修改文字为相应的数字（2，3，4，5）。这样就做好了5个数字，用来倒计时。

12. 日历旋转

1）在项目面板找到日历合成，拖入总合成。打开3D开关，打开塌陷开关。按<A>键展开定位点，修改为（200，200，48）。按<P>键展开位置，修改为（640，300，0）。

2）按<R>键展开旋转。

时间线移至0s的位置，单击y旋转前面的码表添加一个关键帧。

时间线移至0s 20帧的位置，设置y旋转为1圈。

时间线移至1s 15帧的位置，单击y旋转前面的码表添加一个关键帧。

时间线移至2s 10帧的位置，设置y旋转为2圈。

时间线移至3s 05帧的位置，单击y旋转前面的码表添加一个关键帧。

时间线移至4s 00帧的位置，设置y旋转为3圈。

时间线移至4s 20帧的位置，单击y旋转前面的码表添加一个关键帧。

时间线移至5s 15帧的位置，设置y旋转为4圈。

时间线移至6s 10帧的位置，单击y旋转前面的码表添加一个关键帧。

时间线移至7s 05帧的位置，设置y旋转为5圈。

3）框选所有的旋转关键帧，按<F9>键柔化曲线。

这样就完成了一个日历的间歇旋转动画。

13. 数字页1动画

1）在项目面板找到页_1拖入总合成，打开3D开关，为其添加"扭曲"→"CC卷页"效果，设置如图3-41所示。

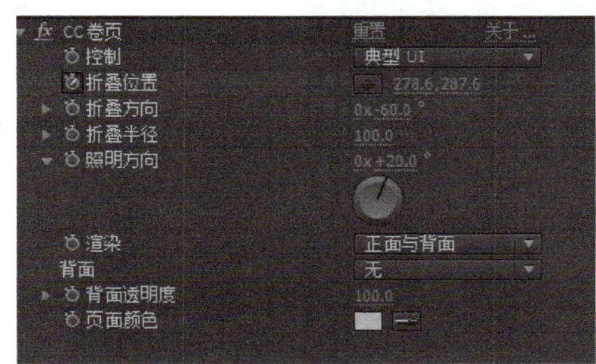

图 3-41

2）将时间线移至7s 05帧的位置，单击折叠位置前面的码表添加一个关键帧。时间线移至8s 00帧的位置，按<Alt+]>组合键设置出点。设置折叠位置为（-361.2，-63.3）。这样就有了一个卷叶飞出的动画。选中特性控制台中的CC卷叶，按<Ctrl+C>组合键复制。

14. 其他数字页动画

1）在项目面板找到页_2拖入总合成。打开3D开关，选中页2，将时间线移至5s 15帧的位置，按<Ctrl+V>组合键粘贴刚才复制的CC卷叶。将时间线移至6s 10帧的位置，按<Alt+]>组合键设置出点。

2）在项目面板找到页_3拖入总合成。打开3D开关，选中页3。将时间线移至4s 00帧的位置，按<Ctrl+V>组合键粘贴刚才复制的CC卷叶。将时间线移至4s 20帧的位置，按<Alt+]>组合键设置出点。

3）在项目面板找到页_4拖入总合成。打开3D开关，选中页4。将时间线移至2s 10帧的位置，按<Ctrl+V>组合键粘贴刚才复制的CC卷叶。将时间线移至3s 05帧的位置，按<Alt+]>组合键设置出点。

4）在项目面板找到页_5拖入总合成。打开3D开关，选中页5。将时间线移至0s 20帧的位置，按<Ctrl+V>组合键粘贴刚才复制的CC卷叶。将时间线移至1s 15帧的位置，按<Alt+]>组合键设置出点。

5）将时间线移至0s处，选中所有数字层，将父级设为日历，这样就能跟着一起旋转，一张一张撕纸的效果就完成了。

15. 背景

新建一个固态层，命名为背景，放在合成最下面。为其添加"生成"→"渐变"效果，设置"起始"颜色为（111，133，137），"结束"颜色为（240，240，240），其他设置如图3-42所示。

效果如图3-43所示。

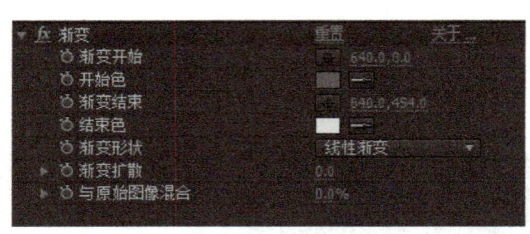

图 3-42　　　　　　　　　　　　　　　图 3-43

16. 阴影

1）新建一个固态层，设置如图3-44所示。

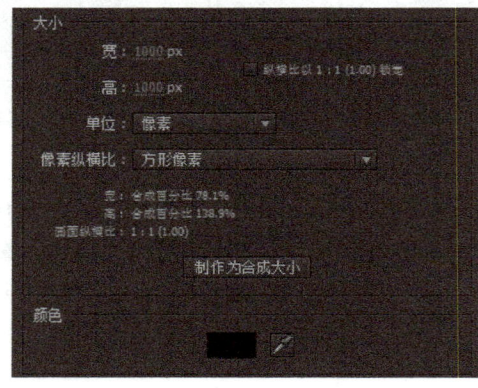

图 3-44

2）将此层放到背景层上、日历层下，命名为阴影。

3）打开3D开关，将时间线移至0s处，设置其父级为日历。

4）按<R>键展开旋转，设置x旋转为90°。

按<P>键展开位置，设置为（200，514，48）。

按<T>键展开透明，设置为60%。

5）选中阴影这一层，在工具栏双击椭圆遮罩工具 ■（如果没有这个按钮，则按<Q>键反复切换类型），这样就加了一个和图层一样大的圆形遮罩。按<M>键展开遮罩，设置遮罩1的遮罩羽化为300。

6）确保遮罩显示按钮是启用的 ■。使用"选择工具" ■双击mask边缘进入变换模式，拖曳调整大小（过程中按住<Ctrl>键，就能中心缩放），直到调成如图3-45所示的效果。完成后按<Enter>键退出遮罩变换模式。

图 3-45

这样就为日历加了一个简单的软阴影。

17. 建立摄像机

执行"图层"→"新建"→"摄像机"命令，选择28mm摄像机。新建一个空白对象，选中空白对象，按<Enter>键改名为摄像机控制。打开3D开关，设置摄像机的父级为摄像机控制，如图3-46所示。

图 3-46

18. 摄像机动作

选中摄像机控制层，将时间线移至7s 05帧的位置。按<P>键展开位置，单击位置前面的码表添加一个关键帧。将时间线移至8s 20帧的位置，设置颜色为（640，360，706）。框选两个位置关键帧，按<F9>键柔化曲线。

这样镜头在旋转结束以后就会推入图片中，如图3-47所示。

图 3-47

19. 调色

1）执行"图层"→"新建"→"调节图层"命令，为其添加"生成"→"四色渐变"效果。

2）添加"通道"→"CC复合"效果。

3）添加"扭曲"→"放大"效果。

4）添加"色彩校正"→"自然饱和度"效果。

设置4个效果如图3-48和图3-49所示。这样色彩画面效果就好多了。

至此，本项目就全部完成了。在预览效果里还有一些细线效果跟随着日历，这部分作为扩展内容，读者可以根据工程文件自行研究。

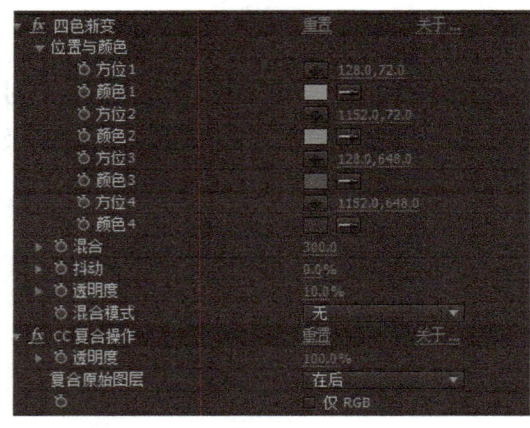
图 3-48

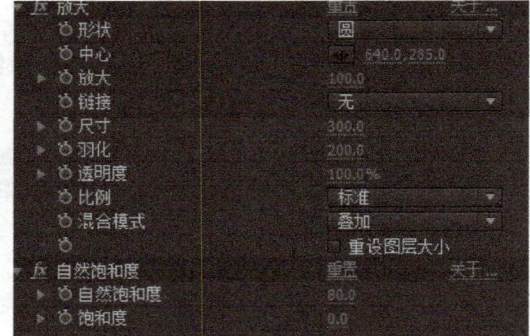
图 3-49

项目审核和交接

1）本项目的两个任务由工作室成员完成后，交由工作室主管审核。
2）经过主管审核后，需修改的部分进行首次修改。
3）再由主管交付至客户审核，根据客户的意见，工作室成员进行二次修改。
4）一般经过2~3次的修改后，最终完成任务的审核和交接。

知识归纳

3D图层操作、3D厚度、卷叶效果、塌陷工作流、Mask操作等。

项目拓展

1）制作一些别的元素（比如，文字、人物、建筑）的摄像机穿梭动画。
2）制作一个翻书动画。

项目评价

在本项目中，学习了如何使用After Effects软件制作电子贺卡。通过制作两种类型的电子贺卡，了解了贺卡类的设计思路和制作方法。通过本项目的学习，做一个项目评价和自我评价。

《制作电子贺卡》	很满意	较满意	有待改进	不满意
项目设计的评价				
项目的完成情况				
知识点的掌握情况				
与本组成员协作情况				
客户对项目的评价				
自我小结				

项目5　制作电子相册

项目描述

电子相册作为一个高速信息时代重要的新生产物，具有很大的商业市场。电子相册种类繁多，面对不同客户群有不同的设计风格。

本项目要完成两个任务：①是《宝贝日记》电子纪念册，此短片由大量照片组成，照片的出场方式成为短片的亮点。②是《彩色立方体标题动画》，此视频中的3D立方块的创意形式可以在很多项目中应用。

任务1　制作《宝贝日记》电子纪念册

任务分析

本任务是为客户制作一个宝宝的相册，为了体现宝贝的成长，选用的是一个柱形载体来表现宝贝的生长线。色彩方面选择了适合儿童的浅色系，可爱温馨。操作分为三大部分，首先建立柱形合成，完成主体部分。然后建立照片合成，加入宝贝照片。最后添加背景调色。

任务实施

1. 新建合成

在菜单栏中选择"图像合成"→"新建合成组"命令（快捷键为<Ctrl+N>组合键），在弹出的对话框中设置"合成组名称"为"总合成"，"预置"选择"HDV/HDTV 720 25"，"持续时间"设为10s，"背景色"设置成黑色（或者接近黑色），单击"确定"按钮建立一个合成，这将作为本任务的总合成来使用，如图3-50所示。

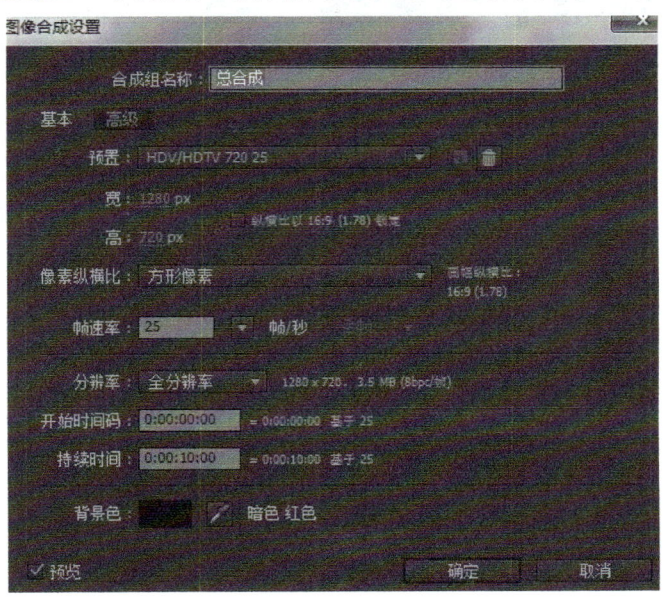

图　3-50

学习单元 3　制作商业类电子贺卡和相册

2. 建立中心柱子合成

再次执行刚才的"新建合成组"命令,设置合成名称为"中心柱_平面",宽高200px×800px,其他设置默认(即和总合成一致),单击"确定"按钮建立中心柱子合成,如图3-51所示。

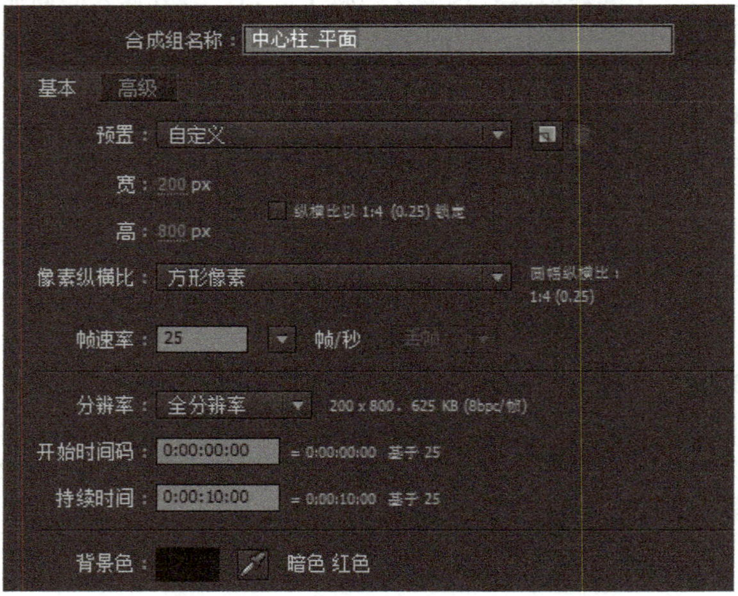

图 3-51

3. 建立中心柱中心平面

选择刚才建立的中心柱平面合成,按<Ctrl+Y>组合键新建一个固态层,设置宽高为50px×800px,颜色为纯白色。按<Enter>键建立一个固态层,选择新建立的固态层,按<Enter>键改名为"中心柱_中心",如图3-52所示。

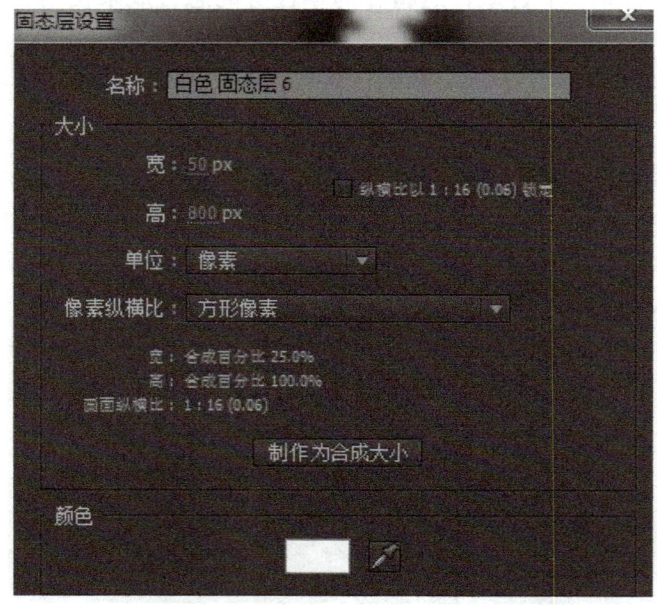

图 3-52

4. 建立中心柱边缘平面

重复步骤3再新建一个固态层，不同的是这次的宽高设为100px×800px，也就是宽一倍。建立完成以后选中，按<Enter>键改名为"中心柱_边缘"。现在合成里应该有两个固态层，如图3-53所示。

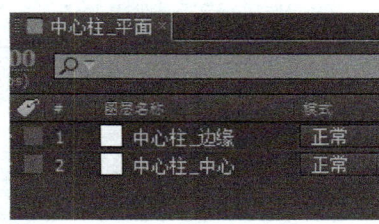

图 3-53

5. 为边缘添加效果

现在为中心柱的边缘添加参差不齐的交错效果。选择边缘这一层，在菜单栏中选择"效果"→"过渡"→"卡片擦除"命令。按<F3>键打开特效控制台，将"变换完成度"设为0，"行""列"设为20和2。展开下方的"位置振动"选项，设置x轴和y轴的振动量为0.9，振动速度都设为0，如图3-54所示。

现在固态层就产生了随机交错效果，如图3-55所示。

图 3-54 　　　　　　　　　　图 3-55

6. 优化边缘

现在效果虽然有了，但是被图层大小所限制，周围延伸不出去，需要修复这个问题。添加"实用"→"扩散边缘"效果，并把扩散边缘的像素设为100，然后拖曳扩散边缘的名字，将其拖到卡片擦除上面，如图3-56所示。此时边缘就可以得到延伸了。

图 3-56

7. 建立中心柱3D合成

现在仅做完了一个片，还需要将其变成三维的。

1）这里新建一个合成来做，按<Ctrl+N>组合键新建一个合成，命名为"中心柱_总"，其他设置和总合成一致，如图3-57所示。

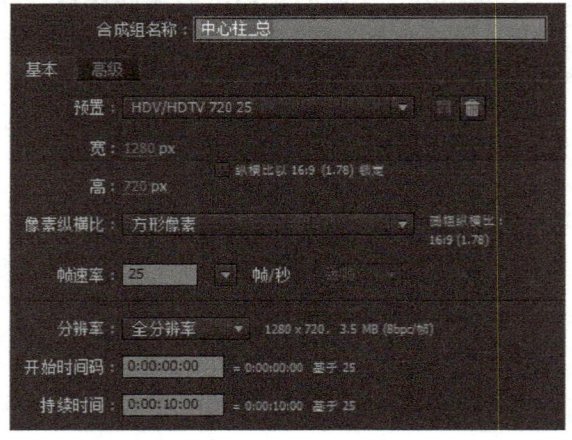

图 3-57

2）在项目面板找到前面建立的中心柱平面这个合成，将其拖到刚才建立的合成中，并打开3D开关，如图3-58所示。

图 3-58

8. 建立交叉面片

中心柱平面这个层目前是不够长的，需要加长它。

1）选中这一层，添加"菜单栏"→"风格化"→"CC重复平铺"效果，设置上扩展和下扩展都为2000，这样就能保证整个图层足够大。

2）然后再选中平面这一层，按<Ctrl+D>组合键复制一层，按<R>键展开旋转，设置Y轴旋转为90°，这样就完成了一个3D的中心柱，如图3-59所示。

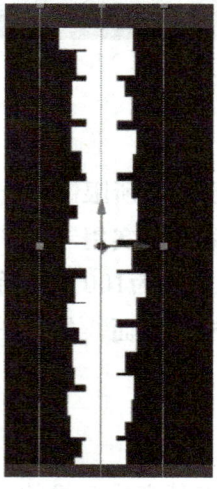

图 3-59

9. 建立照片合成

再建立一个合成，取名为"照片01"，宽高为800px×400px，其余都和总合成一样，如图3-60所示。然后在项目面板选中"照片01"这个合成，按<Ctrl+D>组合键复制3次，这样就有了照片01～04四个合成。

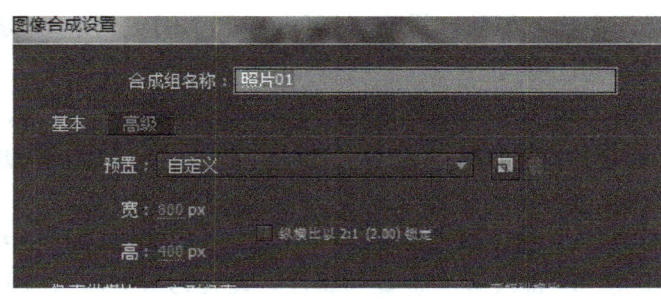

图 3-60

10. 导入照片

1）双击项目面板空白处，导入4张图片。打开"照片01"合成，将第一种图片拖进去，修改位置和缩放，让图像充满整个合成，不要留空白的区域，这里可以按<Ctrl+Shift+G>组合键或<Ctrl+Shift+H>组合键来使图片适配合成高度或宽度。

2）用一样的方法把4张图分别放入4个合成里，并且调整好位置缩放。

11. 合成导入总合成

将照片01～照片04与"中心柱_总"这5个合成一起拖入总合成，都打开3D开关，将总合成的视图切换为"自定义视图1"，如图3-61所示。

图 3-61

> **小提示**
>
> 接下来都要用"摄像机工具"操作视图，单击鼠标左键旋转，单击鼠标右键推拉，长按鼠标中键平移。

12. 照片调节

接下来要使照片分布在中心柱周围，如图3-62所示。

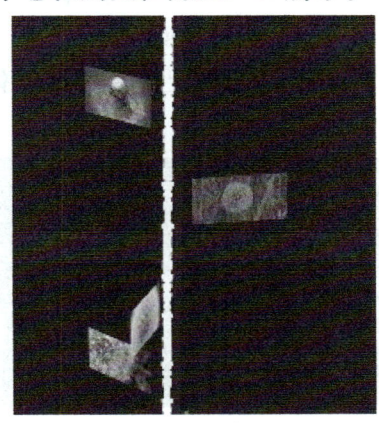

图 3-62

1)选择照片01这一层,设置其父对象为中心柱,如图3-63所示。按<A>键展开中心点属性,设置为(1000,200,0)。按<P>键展开"位置"属性,设置为(640,-1000,0)。

图 3-63

2)再选择照片02,设置其父对象为中心柱,按<R>键展开旋转,设置Y轴旋转为120°。按<A>键展开中心点属性,设为(1000,200,0)。按<P>键展开"位置"属性,设置为(640,-200,0)。

3)再选中照片03,设置其父对象为中心柱,按<R>键展开旋转,设置Y轴旋转为-120°;按<A>键展开中心点属性,设为(1000,200,0),按<P>键展开"位置"属性,设置为(640,600,0)。

4)最后选中照片04,设置其父对象为中心柱,按<A>键展开中心点属性,设为(1000,200,0)。按<P>键展开"位置"属性,设置为(640,1400,0)。

13. 建立文字

这里建立一个文字作为最后的镜头。选择菜单栏中的"图层"→"新建"→"文字"命令,输入喜欢的文字,在"文字"和"段落"面板调节属性,同样设置文字层的父对象为中心柱,如图3-64所示。

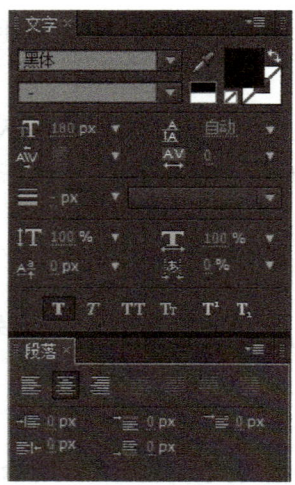

图 3-64

中心点位置旋转参考以下设置,这些设置要根据字体的不同作相应调整,如图3-65所示。

图 3-65

14. 新建摄像机

1）选择菜单栏中"图层"→"新建"→"摄像机"命令，选择24mm摄像机，如图3-66所示。

2）再新建一个空白对象，打开3D开关，按<Enter>键改名为摄像机控制。将摄像机的父级设为新建的空白对象，设置视图为有效摄像机视图，如图3-67所示。选中空白对象，按<R>键展开旋转，设置X旋转为12°，使摄像机有一定仰角。

图 3-66　　　　　　　　　　图 3-67

15. 主体运动

下面的任务是做主要的运动，也就是中心柱的旋转。因为设定了父子关系，所以别的层都会跟着运动。

1）将时间线移至0s的位置，选中中心柱这一层，设置位置和Y轴旋转如图3-68所示，并单击属性前面的码表设置关键帧。

图 3-68

2）将时间线移至1s 15帧的位置，再设置位置和Y轴如图3-69所示，这时会自动添加关键帧。

图 3-69

3）将时间线移至3s 05帧的位置，再次设置位置和Y轴旋转，如图3-70所示。

图 3-70

4）将时间线移至5s 05帧的位置，设置位置和Y轴旋转，如图3-71所示。

图 3-71

5）将时间线移至7s 05帧的位置，设置位置和Y轴旋转，如图3-72所示。

图 3-72

6）将时间线移至结束的位置，设置位置和Y轴旋转，并根据画面微调文字层的位置，如图3-73所示。

图 3-73

这样就设置了6组位置和旋转的关键帧。但是现在播放的效果是不好的，还要设置关键帧速率来使动画变得自然柔和。

16. 关键帧速率

1）选中中心柱的位置属性，选中所有关键帧，按<F9>键柔化曲线。按<Ctrl+Shift+K>组合键打开关键帧速率设置，设置入点"影响"为60%，"出点"影响为20%。这样动画就会变得柔和，如图3-74所示。

2）再选中Y轴旋转属性执行同样的操作。

图 3-74

17. 背景

1）新建一个固态层，命名为背景，颜色接近白色（240，240，240）。按<Ctrl+Alt+[>组合键将背景移动到合成最下方，如图3-75所示。

2）为其添加菜单栏中的"过渡"→"百叶窗"效果，设置如图3-76所示。

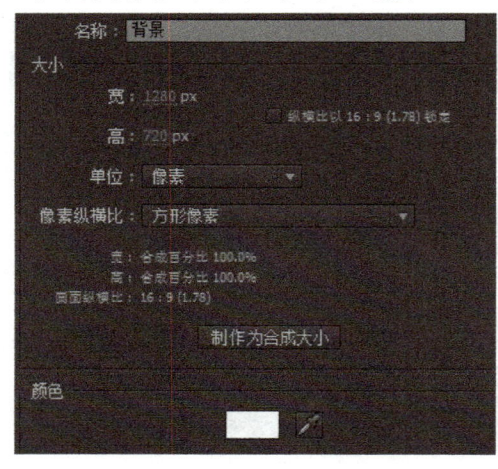

图 3-75

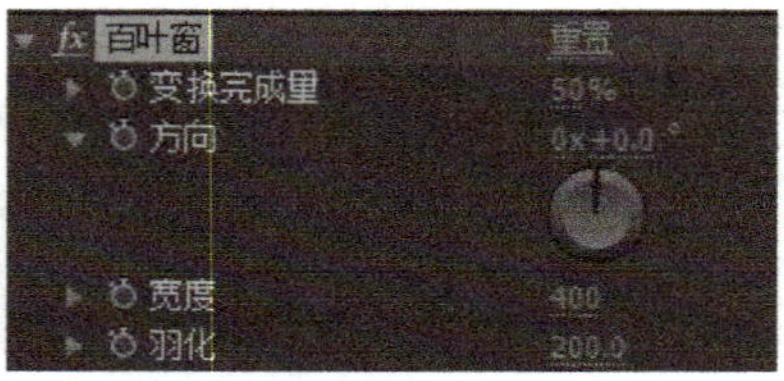

图 3-76

3）再添加"透视"→"CC球体"效果，设置半径为1000，渲染为内侧。选中中心柱这层，按<R>键展开中心柱的旋转。再选中背景，按住<Alt>键单击CC球体的y轴旋转添加表达式。用表达式拾取线◎拾取上面的中心柱y轴旋转，并在前面加负号，让其反向旋转，如图3-77所示。

图 3-77

4)再为背景添加"模糊与锐化"→"盒状模糊"效果,设置如图3-78所示。这样可以使背景变柔且消除球体的接缝。

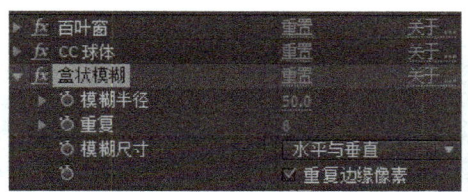

图 3-78

5)再为背景添加"通道"→"单色合成"效果,设置颜色为一个灰色(164,164,164),这样可以填补背景透明的区域。

18.调色

现在整体的动画已经完成,只需加点简单的调色使画面更美观。选择菜单栏中的"图层"→"新建"→"调节图层"命令,为其添加"色彩校正"→"照片滤镜"效果,这里选择绿色滤镜。

至此,本任务就完成了,效果如图3-79所示。

图 3-79

 小提示

可以参看工程文件学习。

任务2 制作彩色立方体标题动画——相册片头

任务分析

本任务制作一个简单的彩色立方体演绎动画,用于相册片头。动画风格采用时下最流行的扁平风格,画面元素以纯色为主,清新雅致。通过本任务制作能了解After Effects特效添加方法,并深入学习3D图层的操作。

任务实施

1.新建合成

在菜单栏中选择"图像合成"→"新建合成组"命令(快捷键为<Ctrl+N>)。在弹出的对话框中命名"合成组名称"为"总合成","预置"选择"HDV/HDTV 720 25"。"持续时间"改为10s,"背景色"设置为浅色,如图3-80所示。设置完成后单击"确定"按钮即可。

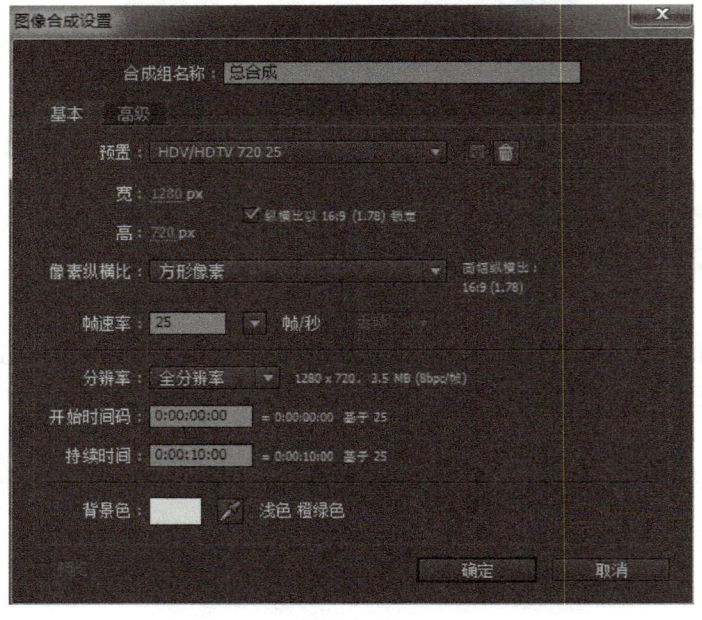

图 3-80

2. 新建一个方形固态层

在菜单栏中选择"图层"→"新建"→"固态层"命令(快捷键为<Ctrl+Y>)。在弹出的对话框中设置"名称"为"盒子正面","宽""高"都设置为400px。颜色不需要设置,因为后面要添加填充效果来覆盖,如图3-81所示。设置完成后单击"确定"按钮即可。

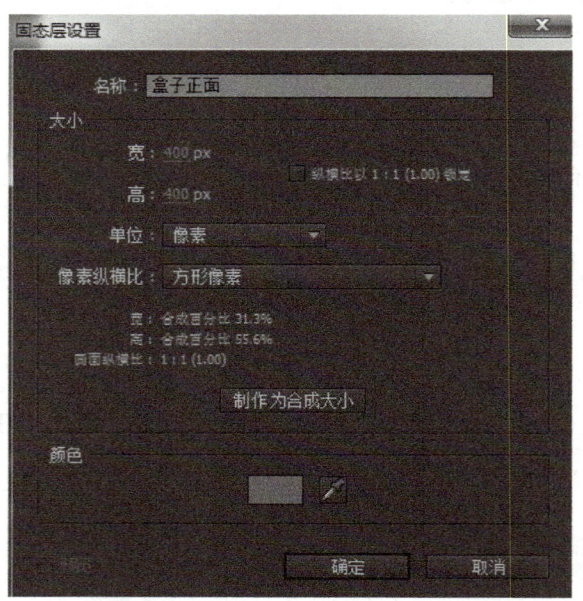

图 3-81

3. 添加矩形遮罩

选中新建立的固态层，在工具栏中双击添加按钮 ■ 添加遮罩。如果没有这个按钮，则可以按<Q>键来切换遮罩类型，直到出现这个矩形遮罩按钮。双击以后会在图层面板出现遮罩1，在合成视图中的开关按钮 ■ 可以开关遮罩的显示。遮罩并不直接参与渲染，后面需要对这个遮罩添加描边特效。

4. 添加填充与描边

1）选中盒子正面这个固态层，选择菜单栏中的"效果"→"生成"→"填充"命令。这时会自动打开特效控制台，上面有刚添加的填充效果。这里为填充颜色设置一个鲜艳的颜色，填充"透明度"设置为50%，如图3-82所示。

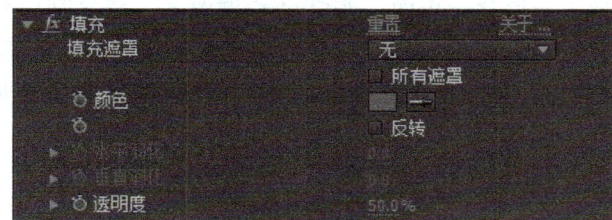

图 3-82

2）保持层选中的情况下，再次选择菜单栏中的"效果"→"生成"→"描边"命令。此时特效控制台多了一个描边效果，并且已经关联了前面建立的遮罩1。设置描边的画笔大小为30，描边颜色为黑色。

现在描边的边缘有些模糊，需设置画笔硬度为100%，消除边缘的模糊，如图3-83所示。

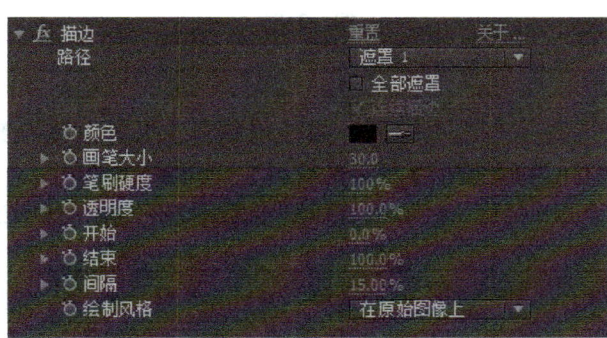

图 3-83

设置完成后的效果，如图3-84所示。

图 3-84

5. 建立盒子的正面与背面

1）选中盒子正面这个固态层，在图层面板打开它的3D开关 。然后按<P>键展开位置属性，设置z轴位置为-200，也就是让它向屏幕外侧移动了200px的距离，如图3-85所示。

图 3-85

2）选中盒子正面这个层，在菜单栏中选择"编辑"→"副本"命令（快捷键为<Ctrl+D>）。这时复制了一层盒子正面，按<Enter>键改名，将复制出来的图层改名为盒子背面。按<F3>键打开盒子背面的特效控制台，将填充颜色改为和正面不同的颜色。

3）按<P>键展开位置，将z轴位置设置为200，此时的效果应该如图3-86所示。

图 3-86

6. 建立左面与右面

下面要建立盒子的左边和右边的面，需要用到自定义视图来观察。

1）在合成视图切换当前视图为自定义视图1，如图3-87所示。

2）选中盒子背面这一层，按<Ctrl+D>组合键复制一层，按<Enter>键改名为盒子左面。

3）在菜单栏中执行"图层"→"变换"→"重置"命令，这样图层就回到了原始位置。和前面一样，将左面填充颜色修改成一个不同的颜色。按<R>键展开旋转属性，设置y轴旋转为90°（或-90°）。

按<Shift+P>组合键增加位置显示，将x轴位置减少200（640-200=440），如图3-88所示。

图 3-87

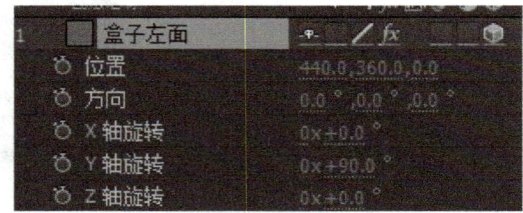

图 3-88

4）选中盒子左面这个层，按<Ctrl+D>组合键复制一层。和前面类似，改名为盒子右面，重置变换，修改填充颜色。按<R>键展开旋转属性，设置y轴旋转为90°（或-90°），按<Shift+P>组合键增加位置显示，将x轴"位置"增加200（640+200=840），如图3-89所示。

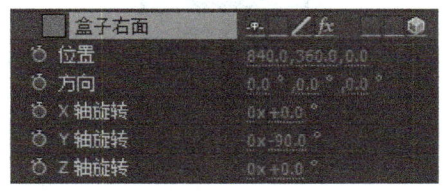

图 3-89

此时的效果如图3-90所示。

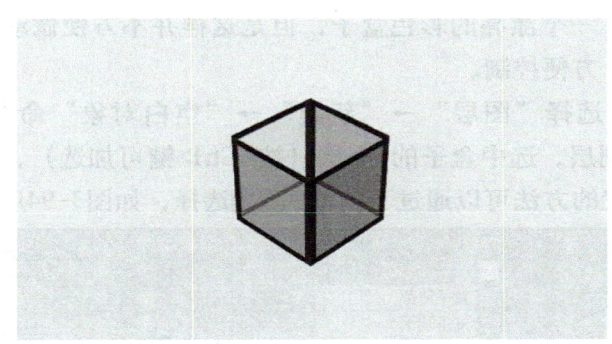

图 3-90

7. 创建顶面与底面

1）选中盒子右面这一层，按<Ctrl+D>组合键复制一层。改名为盒子顶面，重置变换，修改填充颜色。按<R>键展开旋转属性，设置x轴旋转为90°（或-90°）。按<Shift+P>组合键增加位置显示，将y轴位置减少200（360-200=160），如图3-91所示。

2）再选中盒子顶面这一层，按<Ctrl+D>组合键复制一层。改名为盒子底面，重置变换，修改填充颜色。按<R>键展开旋转属性，设置x轴旋转为90°（或-90°）。按<Shift+P>组合键增加位置显示，将y轴位置增加200（360+200=560），如图3-92所示。

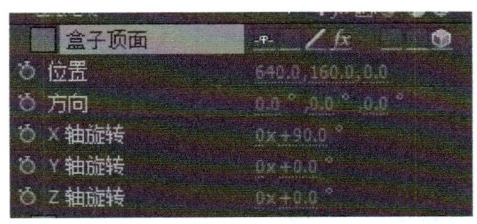

图 3-91

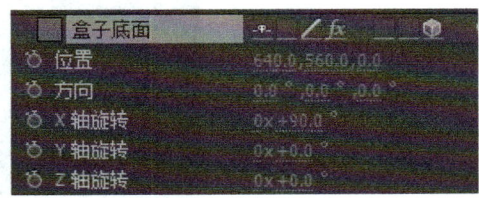

图 3-92

这样整个盒子就建立完成了，如图3-93所示。

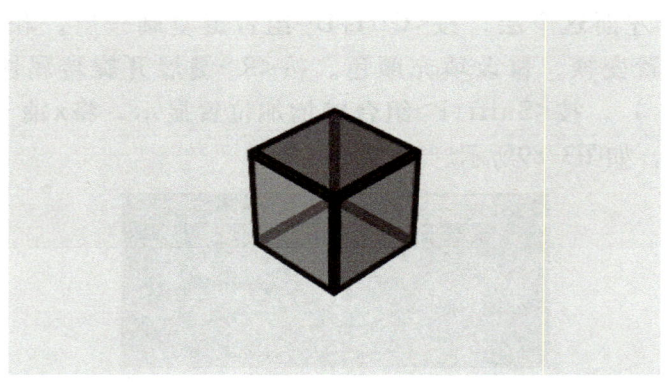

图 3-93

8. 建立盒子控制层

前面已经建好了一个漂亮的彩色盒子，但是这样并不方便做动画，还需要给这几个面增加一个父级，方便控制。

1）在菜单栏中选择"图层"→"新建"→"空白对象"命令，并且打开3D开关，改名为盒子控制层。选中盒子的6个层（按<Ctrl>键可加选），将父级设置为刚建立的空白对象。设置的方法可以通过下拉箭头 选择，如图3-94所示。

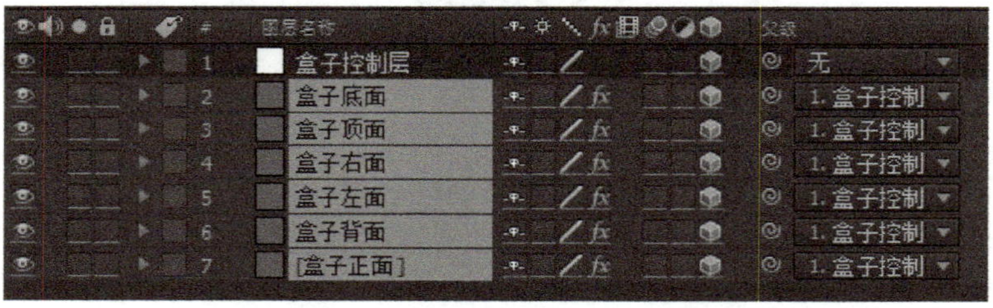

图 3-94

2）如果界面里没有父级这个标签项，则可以在标签栏上单击鼠标右键，在弹出的快捷菜单中选择"显示栏目"→"父级"命令，如图3-95所示。

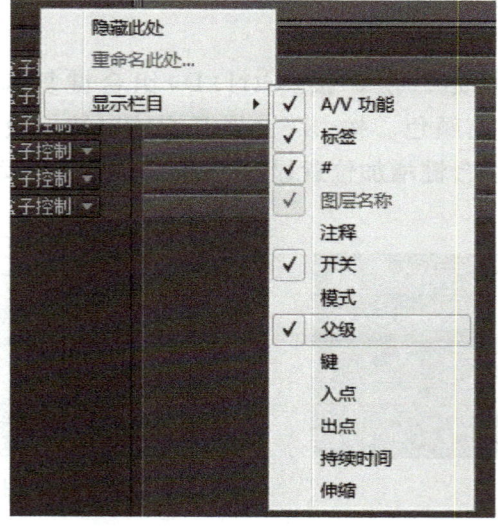

图 3-95

设置完父级以后，就可以通过控制层的位置旋转缩放来控制所有子级的位置旋转缩放了。

9. 添加盒子的旋转表达式

下面来做盒子的旋转动画。

1）首先回到有效摄像机视图，如图3-96所示。

2）选中盒子控制层，按<R>键展开旋转属性，按住<Alt>键，单击x轴旋转属性前面的码表 。这时就出现了表达式

图 3-96

文本框，输入time*90。用同样的方法，给y轴旋转添加表达式，输入 time*180，如图3-97所示。

图 3-97

> **小提示**
>
> time指定是时间，1s处就是1，2s处就是2……
> time乘一个数设置为旋转的参数值，就能驱动旋转随着时间自动变化。
> 后面乘的数越大，旋转越快。

这步完成以后可以打开所有面的运动模糊开关 ，并打开合成运动模糊总开关 ，就会出现自然的运动模糊效果。但是这个效果很卡，在制作时暂时关闭总开关。

10. 制作盒子表面出现动画

因为希望盒子并不是一开始就出现的，而是逐个面出现的，所以接下来就做这部分动画。

1）选中最下面的盒子正面这一层，按<S>键展开缩放属性，把时间线移至第0帧位置，设置"缩放"为0。单击"缩放"属性前面的码表，添加一个关键帧，如图3-98所示。

图 3-98

2）再把时间线移至1s的位置，设置"缩放"为100，这时会自动添加一个关键帧。选中缩放属性，会自动选中所有"缩放"的关键帧，然后按<F9>键柔和曲线，如图3-99所示。这样动画会有一个缓入缓出，效果更柔和。

图 3-99

3）保持两个关键帧选中的情况下，按<Ctrl+C>组合键复制关键帧，选中其他5个层，将时间线移至0帧处，按<Ctrl+V>组合键粘贴。这时拨动时间线，就能看到一个出

现动画，只不过每个面是同步的，下面的任务就是要将动画错开。

11. 错开每个面缩放动画

1）选中盒子正面，时间线移至0帧处，按<Shift+PageDown>组合键，时间线会向后10帧，按<[>键将图层的开始位置移至10帧处，如图3-100所示。

图　3-100

2）按<Ctrl+PageUp>组合键，选择当前层的上面一层，按<Shift+PageDown>组合键，按<[>键，此时第二层也错开了，如图3-101所示。

图　3-101

3）重复步骤2）的操作，直到6个面全部错开，如图3-102所示。

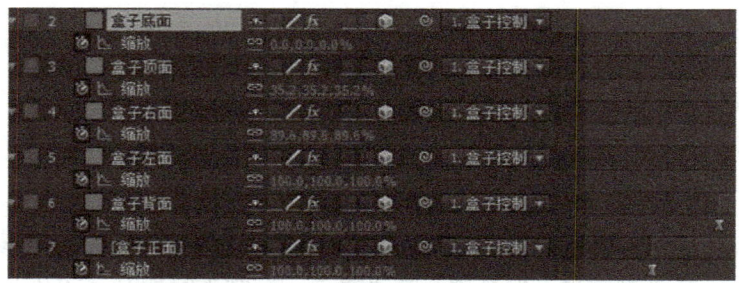

图　3-102

现在再按小键盘上的<0>键预览，发现进入动画已经达到了所需要的效果。

> **小提示**
>
> 这种方法完全由键盘操作，按的时候不要太快，否则容易出错。

12. 盒子位置动画

下面的任务是制作盒子的位移动画。动画的设想是先移动到屏幕右边，再向左移动擦出文字。

1）首先将时间线移至4s的位置，选中盒子控制层，按<P>键展开位置，按位置前面的码表打一个关键帧，如图3-103所示。

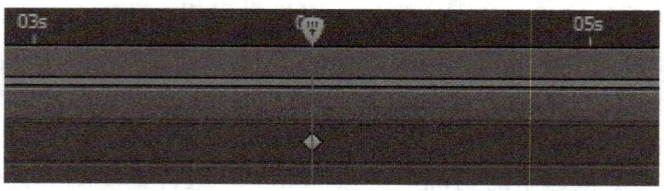

图　3-103

2）将移动时间线到6s的位置，增大位置的z轴数值到5000，使盒子在画面中变小，如图3-104所示。

3）这时会在6s处自动产生一个关键帧，再增大位置的x轴数值使盒子向右移动，直到接近右边缘，如图3-105所示。

图　3-104　　　　　　　　　　　　图　3-105

现在就有了一个4~6s，由中间到右边并缩小的动画，如图3-106所示。

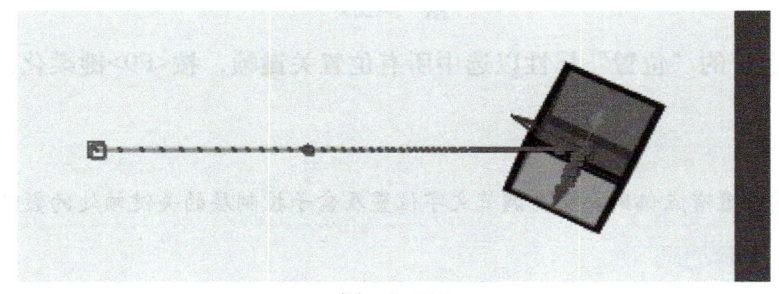

图　3-106

13．添加文字

在做接下来的动画之前，首先加一个文字。

1）在菜单栏中选择"图层"→"新建"→"文字"命令，输入文字，并在文字面板中调节字体大小颜色等属性，如图3-107所示。

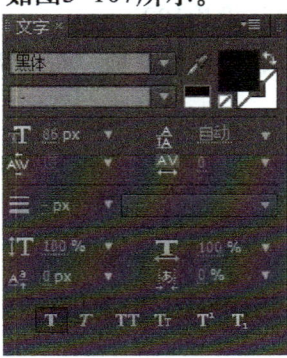

图　3-107

2）调节完后回到"选择工具"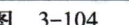，并在合成视图中拖曳调节文字的位置，如图3-108所示。

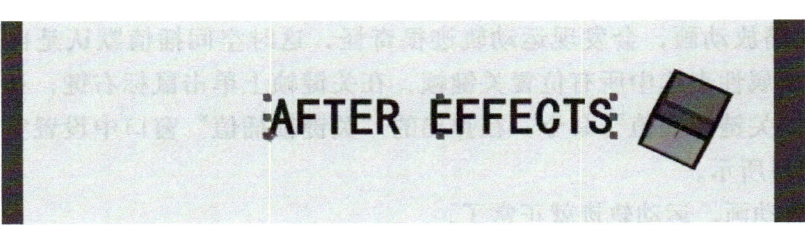

图　3-108

14. 盒子擦除动画

1）选中盒子控制层，时间线移至7s的位置，减小控制层的x轴位置，使盒子到达屏幕左边，如图3-109所示。

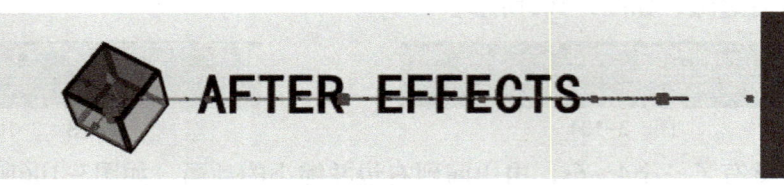

图 3-109

2）选中盒子的"位置"属性以选中所有位置关键帧，按<F9>键柔化曲线。

> **小提示**
> 如果感觉位置有点偏则要反复调节文字位置及盒子控制层的关键帧处的数值。

15. 文字擦除动画

现在预览动画，盒子的动画已经没问题了，下面的任务是给文字做擦除的动画。

1）选中文字层，选择菜单栏中的"效果"→"过渡"→"线性擦除"命令。
2）将时间线移至6s的位置，把线性擦除的过渡完成设为100，并单击前面的码表添加关键帧。
3）将时间线移至7s的位置，过渡完成设为0。
4）然后把线性擦除的"羽化"设为100。
5）按<U>键展开关键帧，选中所有关键帧，按<F9>键柔化曲线。

> **小提示**
> 这时动画很可能会和盒子不同步，要一边观察一边调节过渡完成的关键帧位置和数值。

16. 空间插值

1）将时间线移至0s的位置，选中盒子控制层，将它的z轴位置调节为−500，如图3-110所示。

图 3-110

2）现在播放动画，会发现运动轨迹很奇怪，这时空间插值默认是自动曲线的关系。选中位置属性来选中所有位置关键帧，在关键帧上单击鼠标右键，在弹出的快捷菜单中选择"关键帧插值"命令，在弹出的"关键帧插值"窗口中设置空间插值为线性，如图3-111所示。

再次播放动画，运动轨迹就正常了。

3）也可以在菜单栏中选择"编辑"→"首选项"命令，把"常规"里的默认插值改为线性，如图3-112所示。

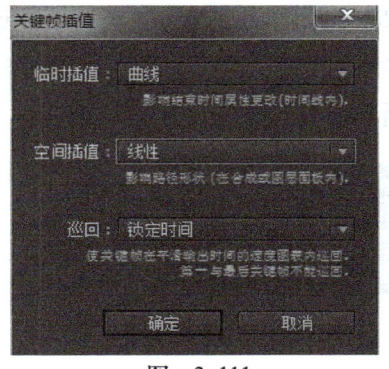

图　3-111　　　　　　　　　图　3-112

17．拖尾动画

现在整个动画看起来有些单调，需要一些效果来强化它。

1）选择菜单栏中的"图层"→"新建"→"调节层"命令，改名为"拖尾"。调节层可以理解为整体调节，它上面的效果会对下方所有图层起效。

2）选中调节层，选择菜单栏中的"效果"→"时间"→"拖尾"命令。将时间线移至5s的位置，调节拖尾时间为-0.15，表示每个拖尾延迟0.15s。"重影数量"设为5，"衰减"设为0.6，模式选择"屏幕"，如图3-113所示。

图　3-113

设置后发现整个播放动画都有拖尾，但只需要4~7s有拖尾，所以还需要一些处理。

18．拖尾限制

1）选中拖尾调节层，将时间线移至4s位置，按<Ctrl+[>组合键裁切掉前面的部分。将时间线移至7s的位置，按<Ctrl+[>组合键裁切掉后面的部分。现在播放动画，虽然拖尾被限制在4~7s以内，但是出现和结束都很突然，如图3-114所示。

图　3-114

2）给调节层加一个透明度的淡入淡出来改善这一点，选中拖尾调节层，时间线移至4s位置，按<T>键展开透明度属性，设置为0，并添加关键帧。时间线移至5s位置，透明度设为100，时间线移至6s位置，单击 添加关键帧。时间线移至7s位置，透明度设为0，选中透明度属性来全选关键帧，按<F9>键柔化曲线，如图3-115所示。

图　3-115

3）现在拖尾就有了一个淡入淡出的过程。为了让拖尾更自然，可以给重影数量也做一个动画。将时间线移至5s位置，单击重影数量前面的码表添加关键帧。将时间线移至4s位置，重影数量设为0。

19．文字叠加

1）现在文字与盒子融合度还不够好，按<Ctrl+Shift+[>组合键把文字层拿到最上面，然后将图层模式设为叠加，如图3-116所示。

2）如果没有模式这个标签，则可以按<F4>键打开，也可以按左下角的 按钮打开。这样文字就和盒子融合比较好了，而且它在拖尾之上，可以减少拖尾的运算量，如图3-117所示。

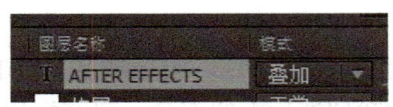

图　3-116

图　3-117

20．调色

现在动画已经完成，需要进行调色来使色彩更鲜艳，这里采用模糊叠加法。

1）首先新建一个调节层，取名为调色。选中调节层，选择菜单栏中的"效果"→"模糊与锐化"→"快速模糊"命令。"模糊"数值设为15，勾选"重复边缘像素"。

2）再选择菜单栏中的"效果"→"通道"→"CC复合操作"命令，"模式"选择"叠加"，取消"仅RGB"的勾选。这样画面就会出现柔光效果，并且对比度也加强了，如图3-118所示。

至此，本项目就完成了。

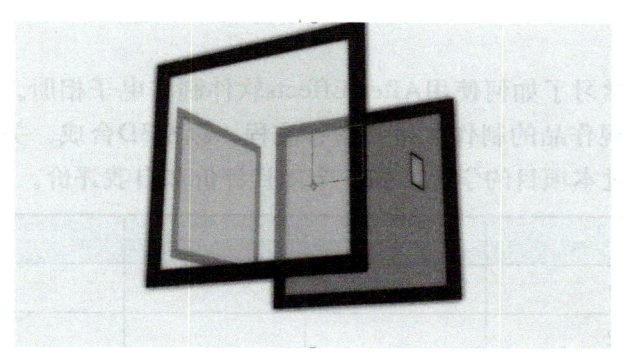

图 3-118

 **小提示**

如果觉得效果太明显,则可以把调色层的透明度下降到60%。

项目审核和交接

本项目的两个任务由工作室成员完成后,交由工作室主管审核。

经过主管审核后,需修改的部分进行首次修改。

再由主管交付至客户审核,根据客户的意见,工作室成员进行二次修改。

一般经过2、3次的修改后,最终完成任务的审核和交接。

知识归纳

本项目介绍了填充特效、描边特效、3D图层、父子链接、关键帧动画、time表达式、拖尾特效、调节层的使用。

项目拓展

1)任务1里用的是物体旋转,尝试采用摄像机控制层旋转来做。

2)尝试做出如图3-119所示的双层钩边效果。

图 3-119

项目评价

在本项目中，学习了如何使用After Effects软件制作电子相册。通过两个任务的制作了解了相册类影视作品的制作风格和制作流程，以及3D合成、关键帧动画、父子链接等实用技能。通过本项目的学习，做一个项目评价和自我评价。

《制作电子相册》	很满意	较满意	有待改进	不满意
项目设计的评价				
项目的完成情况				
知识点的掌握情况				
与本组成员协作情况				
客户对项目的评价				
自我小结				

学习单元4

制作创意短片和电视广告

学习单元 4 制作创意短片和电视广告

单元概述

创意短片和电视商业广告是传播信息、表达观念的一种艺术手段。它是一种微型叙事手法，形象生动，朗朗上口，同时具有艺术性、观赏性和商业性。短片和广告片以其强大的影响力引导着人们的日常生活，并承载了大量的生活咨询，推动生活形态和消费潮流。影视制作人要明确观众群体，研究分析其接受心理，根据这些特点来进行短片或广告的创作制作，用视频动画的形式表现出来，最终达到诉求效果。

学习目标

知识目标：了解创意短片和商业广告片的创意特点和制作流程。

技能目标：随机变换、随机颜色、3D图层操作、弹性动画、百叶窗效果、拖尾效果、CC球体、多层扩散圆制作等。

情感目标：培养学生团队的协作能力和客户沟通能力。

项目6 制作创意短片

项目描述

创意短片制作包括：创意小短片、电影电视节目预告片、环保公益片等。各类型的主题片都希望通过精心的剪辑、夺目的特效达到吸引观众眼球的效果，以达到宣传、预告的效果。

本项目要完成两个任务：①《宫崎骏动漫展》预告片，运用环形结构来完成此短片的制作。②《环保公益广告》，画面力求清新自然，贴近主题，诉求明确。

任务1 制作《宫崎骏动漫展》预告片

任务分析

本任务用环形结构的出场来解决系列图片出场的方式，风格明快自然。制作过程为了规范照片大小，采用合成的方式在总合成中制作，这样能举一反三，其他主题也能采用。

任务实施

1. 新建合成

在菜单栏中选择"图像合成"→"新建合成组"命令（快捷键为<Ctrl+N>），在弹出的对话框中设置"合成组名称"为"总合成"，"预置"选择"HDV/HDTV 720 25"，"持续时间"设为10s，"背景色"设置为白色，单击"确定"按钮建立一个合成，这将作为本任务的总合成来使用，设置参数如图4-1所示。

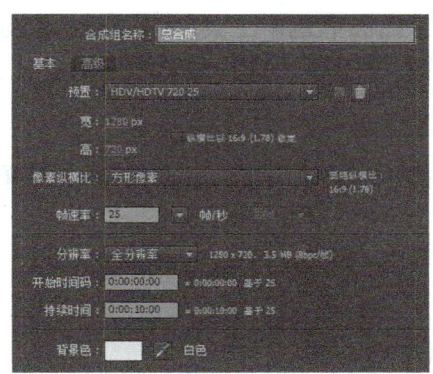

图 4-1

2. 建立背景

按<Ctrl+Y>组合键新建固态层。单击"制作为合成大小"按钮,"颜色"设置为淡灰色(230,230,230)。这样就完成了一个最简单的纯色背景,参数设置如图4-2所示。

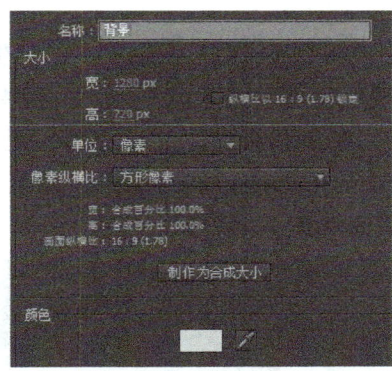

图 4-2

3. 建立小圆

1)用同样的方法再建立一个固态层,这次的大小设为240px×240px。颜色随意,因为要用填充效果来覆盖。建立完以后按<Enter>键改名为"小圆",参数设置如图4-3所示。

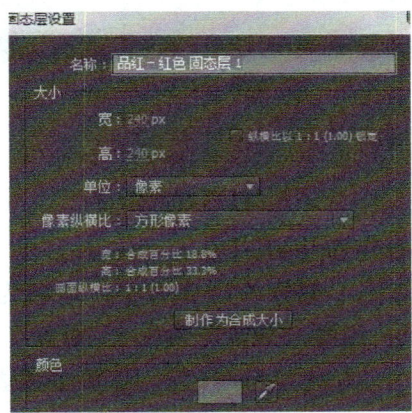

图 4-3

2）选中固态层，双击"椭圆形遮罩工具"（按<Q>键切换遮罩工具类型），为其添加一个和图层一样大的圆形遮罩，这时方形的固态层就变成了一个圆。

4. 为小圆创建随机缩放效果

1）选中小圆这一层，按<S>键展开缩放，按住<Alt>键单击属性前面的码表添加表达式，输入：

$$s=\text{wiggle}(10, 100)[0];$$
$$[s, s];$$

意思是随机大小，并且等比缩放。

这时移至时间线就能看到小圆产生了随机缩放。

2）将时间线移至2s的位置，单击缩放前面的码表为其添加关键帧，按<Shift+PageDown>组合键向后移动10帧，修改缩放为合适的大小，接着按<Alt+]>组合键截断图层，这样小圆就有了一个2s 10帧缩放抖动然后消失的动画。

5. 为小圆制作随机颜色

1）选中小圆这一层，在菜单栏中添加"效果"→"生成"→"填充"效果，按<F3>键打开特效控制台，修改填充颜色为粉红色（231，94，136）。

2）再次选中小圆这一层，在菜单栏中添加"色彩校正"→"色彩平衡（HLS）"效果，按住<Alt>键单击色相前面的码表添加表达式，输入 time*360。这样色相就会随时间产生自动变化，参数效果如图4-4所示。

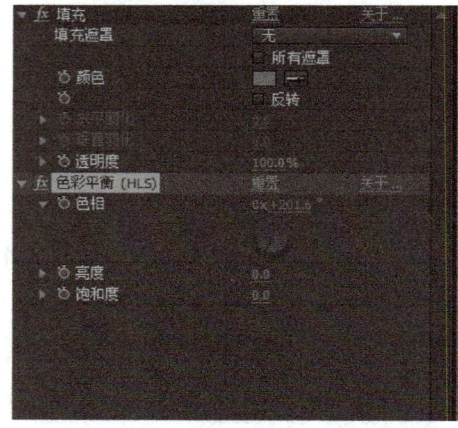

图 4-4

这样小圆的动画就告一段落了。

6. 建立开场蒙版

现在来做一个黑色的蒙版作为开始。

1）先新建一个黑色固态层，制作为合成大小，取名为蒙版。然后为其添加"过渡"→"CC光线擦除"效果，设置"强度"为0，"形状"为方形。将时间线移至0帧处，设置"填充范围"为0，"方向"为-45°，并单击码表来为这两个属性加上关键帧，参数设置如图4-5所示。

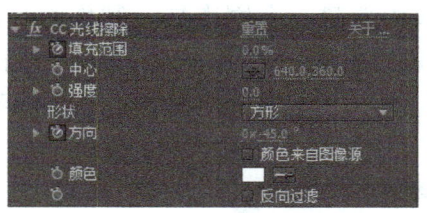

图 4-5

2)将时间线移至2s处,设置"填充范围"为100,"方向"为45°。这时就出现了一个0~2s的中心扩展动画。

7. 添加拖尾

现在展开的动画层次不够,将为其添加一个拖尾。

1)选中蒙版这一层,为其添加"时间"效果,拖尾,设置延迟为-0.16,"重影数量"为3。"衰减"为0.6,将时间线移至2s 10帧处,按<Alt+]>组合键截断图层,参数设置如图4-6所示。

2)此时展开动画就有了一个漂亮的拖尾,效果如图4-7所示。

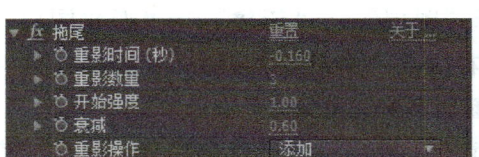

图 4-6

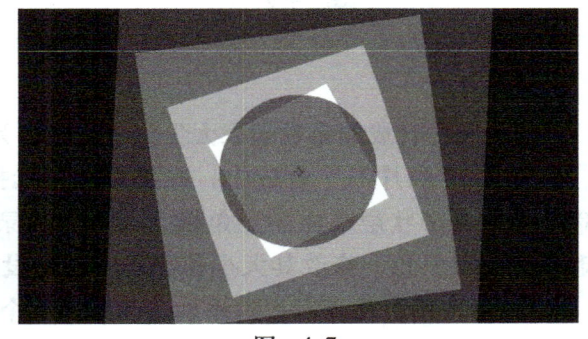

图 4-7

8. 建立照片合成

1)新建一个合成,取名为"照片01",参数设置如图4-8所示。

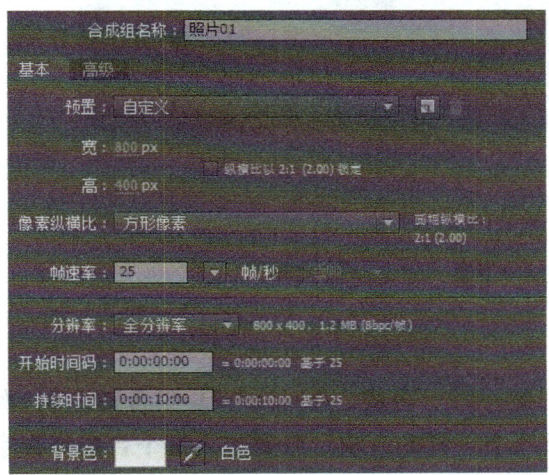

图 4-8

2）在"照片01"合成中新建一个固态层,制作为合成大小,"颜色"为灰色(197,197,197),参数设置如图4-9所示。这一层作为照片的临时替代层。

3）再新建一个文字层,输入01,放大字号,这一层用来识别照片的编号,方便合成,效果如图4-10所示。

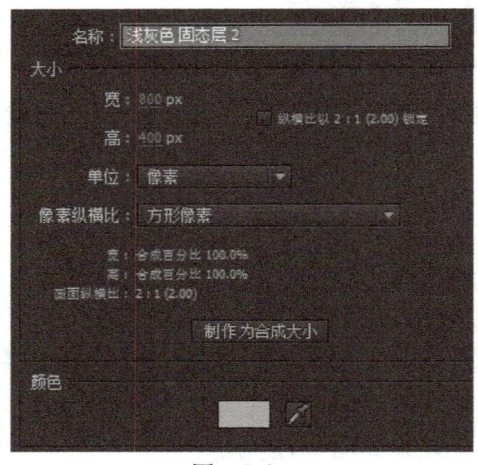

图 4-9　　　　　　　　　　图 4-10

9. 圆角

现在照片合成的角看起来太尖锐了,需要为其添加一个圆角。

1）在"照片01"合成中,在菜单栏中选择"图层"→"新建"→"形状图层"命令,展开形状层前面的三角▶,再单击目录右边的三角 添加:▶添加一个矩形,展开矩形的下拉三角,修改其大小和圆角,参数设置如图4-11所示。

2）再次单击目录右边的添加三角添加一个填充,然后设置形状层的图层叠加"模式"为"模板Alpha",如图4-12所示。如果没有叠加模式的选项则可以按<F4>键展开。这样下方所有的图层都会被这个形状层的Alpha所切割产生圆角。

图 4-11　　　　　　　　　　图 4-12

>  小提示
>
> 打开形状层的锁定开关 ▣,避免以后误操作。

10. 复制照片合成

在项目面板找到"照片01"合成,按<Ctrl+D>组合键复制7次,这样就有了照片01~照片08八个一样的合成,分别进入每个合成将文字层改为相应的编号。在项目面板检查8个合成,确保数字正确,如图4-13所示。

图 4-13

11. 环形环绕

1）打开总合成，在项目面板中选择照片01～照片08，全部拖入总合成，打开3D开关。

2）在菜单栏中执行"图层"→"新建"→"空白对象"命令，新建一个空白对象，按<Enter>键改名为环形控制。

3）同样打开3D开关，选中照片01～照片08八个合成，将它们的父级都指定为环形控制，如图4-14所示。

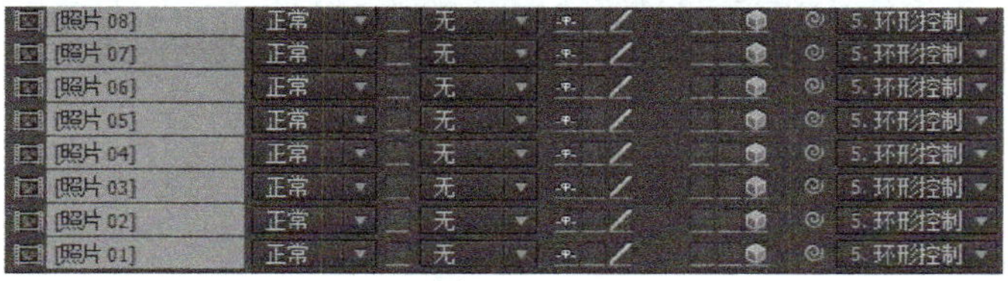

图 4-14

4）按<A>键展开中心点属性，设置为（400，200，1200）。

12. 设置旋转

1）选中照片02层，按<R>键展开旋转，设置Y轴旋转-45°。
2）选中照片03层，按<R>键展开旋转，设置Y轴旋转-90°。
3）选中照片04层，按<R>键展开旋转，设置Y轴旋转-135°。
4）选中照片05层，按<R>键展开旋转，设置Y轴旋转-180°。
5）选中照片06层，按<R>键展开旋转，设置Y轴旋转-225°。
6）选中照片07层，按<R>键展开旋转，设置Y轴旋转-270°。
7）选中照片08层，按<R>键展开旋转，设置Y轴旋转-315°。

这样环形排布就完成了。

8）再次选中8个照片层，将时间线移至2s的位置，按<Alt+[>组合键截断图层。

13. 建立摄像机

在菜单栏中执行"图层"→"新建"→"摄像机"命令，选择24mm摄像机建立，如图4-15所示。

图 4-15

14. 旋转动画

1）选中环形控制层，按<R>键展开旋转，将时间线移至2s处，设置"方向"为（0，0，330）。

设置"Y轴旋转"为180°，单击方向和Y轴旋转前面的码表添加关键帧，如图4-16所示。

图 4-16

2）将时间线移至8s的位置，设置方向为（0，0，15）。将时间线移至结束的位置，设置"Y轴旋转"为720°。

15. 旋转动画速率

现在已经有了环形旋转动画，需要调节旋转的动画速率来使动画更柔和。

1）选中y轴旋转属性，这时选中y轴旋转的所有关键帧，然后按<Ctrl+Shift+K>组合键设置关键帧速率。设置入点"影响"为60%，出点"影响"为20%，如图4-17所示。

图 4-17

2）再选中方向属性，按<F9>键柔化曲线。

16. 缩放动画

现在来做环形控制的缩放动画，使圆环有出现和消失的过程。

1）选中圆环控制，按<S>键展开缩放。
2）时间线移至2s的位置，设置"缩放"为0，并单击码表添加一个关键帧。
3）时间线移至2s 20帧的位置，设置"缩放"为45。
4）时间线移至3s的位置，设置"缩放"为40。
5）时间线移至3s 05帧的位置，设置"缩放"为43。
6）时间线移至3s 10帧的位置，设置"缩放"为42。
7）此时缩放就有了5个关键帧。选中"缩放"属性以全选这5个关键帧，按<Ctrl+C>组合键复制。
8）时间线移至6s 15帧的位置，按<Ctrl+V>组合键粘贴。鼠标框选右边粘贴的5个关键帧，单击鼠标右键，在弹出的快捷菜单中选择"关键帧辅助"→"时间反向关键帧"命令。接着再选中缩放属性以全选所有关键帧，按<F9>键柔化曲线。

现在播放动画就有了出现、旋转和消失的完整动画，而且缩放是带弹性的，效果如图4-18所示。

图 4-18

17. 建立文字

在总合成中执行菜单栏中的"图层"→"新建"→"文字"命令，输入喜欢的文字，并在"文字"面板和"段落"面板调节属性。

1）展开文字层的下拉三角，在文字右边的动画三角  添加一个透明度属性，展开动画1，将透明度设为0。

2）展开动画1的范围选择器，将时间线移至7s的位置，单击开始前面的码表添加一个关键帧。将时间线移至9s的位置，设置开始值为100。这样就有了一个文字逐个出现的动画。

18. 建立暗角

现在的画面太亮不利于调色，需要加一个暗角使画面变灰。

1）新建一个固态层，制作为合成大小，为其添加"生成"→"渐变"效果。设置"开始色"为（240，240，240），"结束色"为（190，190，190），设置如图4-19所示。

2）设置该层叠加"模式"为"正片叠底"，如图4-20所示。

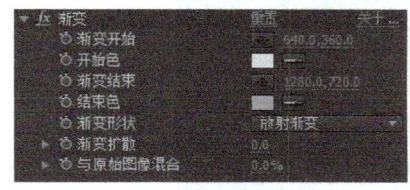

图 4-19

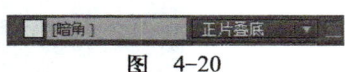

图 4-20

19. 照片滤镜

最后给画面一点色彩倾向。

执行"图层"→"新建"→"调节层"命令，为调节层添加"色彩校正"→"照片滤镜"效果，设置如图4-21所示。

图 4-21

这样整个任务就完成了。由一个开场开始，到小球闪烁，出现圆环，最后圆环消失出现文字。

 小提示

最后别忘了依次替换照片01～照片08里面的内容为宫崎骏电影的图片或其他图片，这样这个过程就能重复使用。

任务2　制作《珍惜水资源》环保公益广告

任务分析

本任务是制作一个环保相关的公益视频，本公益广告的目的是让更多人从视频中感悟到水资源的珍贵，引起人们的感悟和思考。视频前部分采用小清新风格的圆环翻转展示主题相关的图片，最后用旋转动画的方式让地球出场点明主题，通俗易懂，起到良好的宣传作用。

任务实施

1. 新建合成

在菜单栏中选择"图像合成"→"新建合成组"命令（快捷键为<Ctrl+N>组合键），在弹出的对话框中设置"合成组名称"为"总合成"，"预置"选择"HDV/HDTV 720 25"，"持续时间"设为10s，"背景色"设置为白色，单击"确定"按钮

建立一个合成，这将作为本任务的总合成来使用，参数设置如图4-22所示。

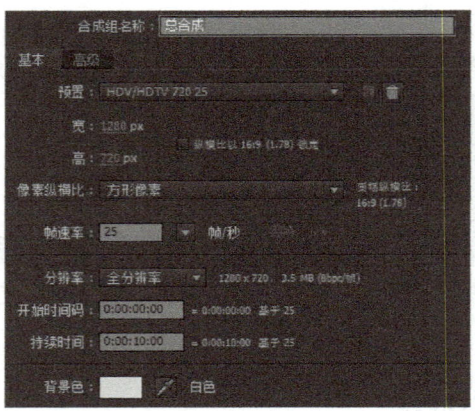

图 4-22

2. 建立背景

1）按<Ctrl+Y>组合键新建一个固态层，制作为合成大小，颜色不需要设置，后面要用填充效果覆盖原始颜色。

2）选中刚才新建的固态层，在菜单栏中为其添加"生成"→"填充"效果。暂时不设置，然后关闭背景层的显示开关 ，暂时不用到此层。

3. 建立图片合成

1）新建一个合成，参数设置如图4-23所示。

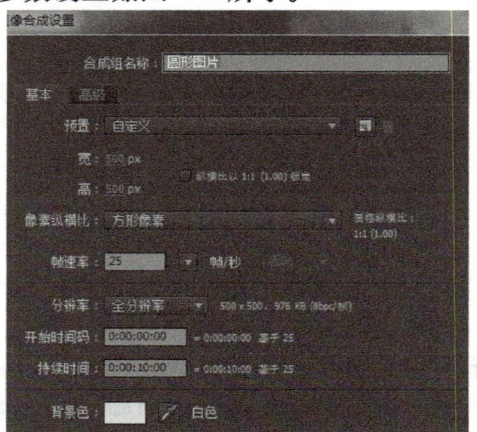

图 4-23

2）按<Ctrl+I>组合键导入配套文件中的所有素材（4张图片和一个地图矢量文件）。

从项目面板将干涸地面拖入新建的这个圆形图片合成，调整缩放和位置，使它和合成大小相匹配。再拖入绿色植物图片到圆形图片合成，同样调整缩放和位置，如图4-24和图4-25所示。

3）将时间线移至2s 10帧的位置，选中绿色植物，按<R>键展开旋转，设为180°，按<Alt+[>组合键截断图层。

4）最后拖入海豚的图片。一样调整位置和缩放，使其与合成大小差不多。合成边缘不好没关系，因为加入圆形蒙版以后边缘都会被裁切掉，效果如图4-26所示。

图 4-24　　　　　　　图 4-25　　　　　　　图 4-26

5）将时间线移至4s的位置，选中海豚，按<Alt+[>组合键截断图层。

4．制作"圆形底色1"

1）回到总合成，新建一个固态层，制作为合成大小，按<Enter>键改名为"圆形底色1"。

2）为其添加"生成"→"填充"效果，填充颜色匹配干涸地面，设置一个深棕色（38，21，11）。

3）再添加"生成"→"圆"效果，设置半径为220，混合模式模板为Alpha。

4）最后为其添加"过渡"→"百叶窗"效果，设置方向为45°，宽度为50。

5）将时间线移至第10帧的位置，设置过渡完成为100%，并单击前面的码表添加一个关键帧。

6）将时间线移至第20帧的位置，设置过渡完成为0。

7）按<U>键展开关键帧，框选过渡完成的两个关键帧，按<F9>键柔化曲线。

此时就有了一个圆形从无到有的百叶窗动画，效果如图4-27所示。

5．制作"圆形底色2"

图 4-27

1）新建一个固态层，制作为合成大小，按<Enter>键改名为"圆形底色2"。

2）为其添加"生成"→"填充"效果，填充颜色匹配植物，设置一个深绿色（68，142，9）。

3）添加"过渡"→"线性插除"效果，设置角度为180°。

4）将时间线移至2s的位置，设置过渡完成为82%，并单击前面的码表添加关键帧。

5）将时间线移至2s 20帧的位置，设置过渡完成为16%。按<U>键展开关键帧，框选过渡完成的两个关键帧，按<F9>键柔化曲线。

6）添加"扭动"→"波纹弯曲"效果，设置波纹宽度为60，按住<Alt>键单击相位前面的码表添加表达式，这样相位就能跟随时间自动变化。

7）添加"生成"→"圆"效果，设置半径为220，混合模式模板为Alpha，效果如图4-28所示。

现在播放动画就会出现第二个圆的动画覆盖第一个圆的

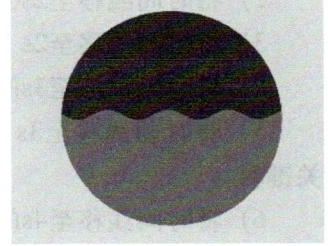

图 4-28

动画。

6. 制作"圆形底色3"

1）选中圆形底色2，按<Ctrl+D>组合键复制一层，选中新复制出来的"圆形底色3"，按<F3>键特效控制台，修改填充颜色为深蓝色匹配海豚（10，44，87）。

2）按<U>键展开关键帧，将时间线移至3s 15帧的位置，框选2个关键帧，用鼠标拖曳向后移动，使第一个关键帧对齐到时间线，如图4-29所示。

图 4-29

现在播放动画就有了第三个圆覆盖第二个圆的动画。

7. 图片合成添加蒙版

1）从项目面板找到前面建立的圆形图片合成，拖入总合成中，打开3D开关。

2）为其添加"生成"→"圆"效果，设置半径为200，混合模式模板为Alpha。

3）再添加一次圆，设置半径为202，边缘选择边缘半径，边缘半径设为200，颜色为黑色，混合模式正常。这样就给圆加了一个黑边，效果如图4-30所示。

图 4-30

8. 图片出现动画

1）选择圆形图片这一层，在特效控制台找到第一个圆特效的半径属性。

2）将时间线移至1帧的位置，设置半径为0，并单击半径前面的码表添加关键帧。

3）将时间线移至1s的位置，设置半径为216。

4）将时间线移至1s 04帧的位置，设置半径为188。

5）将时间线移至1s 08帧的位置，设置半径为208。

6）将时间线移至1s 12帧的位置，设置半径为196。

7）将时间线移至1s 16帧的位置，设置半径为200。

8）按<U>键展开关键帧，框选所有的半径关键帧，单击<F9>键柔化曲线。

这样就有了一个出现动画，并且带有弹性运动。

9. 图片旋转

1）选择圆形图片这一层，按<R>键展开旋转。

2）将时间线移至2s的位置，单击X轴旋转前面的码表添加一个关键帧。

3）将时间线移至2s 10帧的位置，设置X轴旋转为-90°。

4）将时间线移至3s的位置，设置X轴旋转为-180°。

5）将时间线移至3s 15帧的位置，单击属性前面的添加关键帧按钮添加一个关键帧。

6）将时间线移至4s的位置，设置X轴旋转为-270°。

7）将时间线移至4s 10帧的位置，设置X轴旋转为-360°。

8）框选6个X轴旋转的关键帧，按<F9>键柔化曲线。

现在整个图片的旋转切换动画已经完成。

10. 背景匹配

1）第二步建立的背景图层还没有使用。现在打开背景图层的显示开关，按<F3>键打开特性控制台，设置填充颜色为浅棕色（206，167，139），时间线移至2s的位置，单击填充颜色前面的码表为其添加一个关键帧，按<U>键展开关键帧。

2）将时间线移至2s 20帧的位置，设置颜色为浅绿色（205，240，135）。

3）将时间线移至3s 15帧的位置，单击颜色前面的添加关键帧按钮◀◆▶添加一个关键帧。

4）将时间线移至4s 10帧的位置，设置颜色为浅蓝色（154，208，254）。

这样背景颜色就和翻转动画与图片颜色相契合了，效果如图4-31所示。

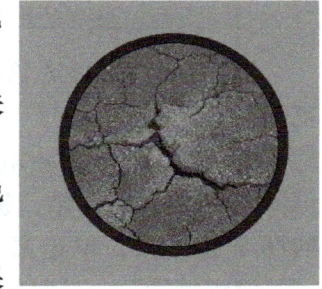

图 4-31

11. 扩散圆

1）选中"圆形底色3"这一层，按<Ctrl+D>组合键复制一层。选中"圆形底色4"，按<F3>键打开特性控制台，选中线性擦除和波纹弯曲，按<Delete>键删除，只留下填充和圆，修改填充颜色为青色（0，240，255）。

2）拖曳图层的名称上下移动可以改变图层顺序，将它移动到最上方。将时间线移至5s 05帧的位置，选中"圆形底色4"，按<Alt+[>组合键截断图层。

3）在特性控制台找到圆的半径属性，设置为0，并单击码表添加关键帧，按<U>键展开关键帧。将时间线移至5s 15帧的位置，设置半径为220。框选两个半径的关键帧，按<F9>键柔化曲线。

4）如果希望半径最大时，底下的圆形底色全部消失，则将时间线移至5s 14帧的位置，选中"圆形底色1"，按住<Ctrl>键加选"圆形底色2""圆形底色3"和"圆形图片"，按<Alt+[>组合键截断图层。

12. 更多扩散圆

1）选中"圆形底色4"这一层，按<Ctrl+D>组合键复制一层。选中"圆形底色5"这一层，在特性控制台修改填充颜色为黄绿色（192，248，23），然后按<Alt+PageDown>组合键4次将图层向时间线后方移动4帧，此时就出现了第二个扩散圆的动画覆盖第一个。

2）用同样的方法从"圆形底色5"复制出"圆形底色6"，修改颜色为蓝黑色（9，13，52），同样向后移动4帧。再从"圆形底色6"复制出"圆形底色7"，修改颜色为青色（0，240，255），同样向后移动4帧。

这样就有了一个扩散动画，效果如图4-32所示。

图 4-32

3）选中"圆形底色4""圆形底色5""圆形底色6"这三层，将时间线移至6s 01帧，按<Alt+[>组合键截断图层，效果如图4-33所示。

图 4-33

13．圆形消失动画

1）选中"圆形底色01"，在特性控制台找到百叶窗并选中，按<Ctrl+C>组合键复制。

2）将时间线移至6s 02帧，选中"圆形底色07"，按<Ctrl+V>组合键粘贴，按<U>键展开关键帧，框选过渡完成的两个关键帧，单击鼠标右键，在弹出的快捷菜单中选择"关键帧辅助"→"时间反向关键帧"选项。

此时就有了和最开始进入相反的一个百叶窗消失动画，效果如图4-34所示。

图 4-34

14．地球合成

1）新建一个合成，设置如图4-35所示。

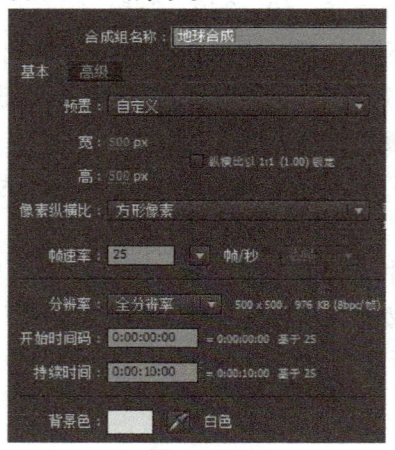

图 4-35

2）将素材前面导入的世界地图AI矢量素材拖入合成。

3）为其添加"生成"→"填充"效果，设置填充颜色为青绿色（0，255，132）。

15．设置地球

1）为刚才的地图层添加"透视"→"CC球体"效果。设置CC球体照明卷展栏里的灯光高度为100，明暗卷展栏里的环境为100。

2）按住<Alt>键单击CC球体Y轴旋转前面的码表为其添加表达式，输入time*100，设置渲染为内侧，选中地图层，按<Ctrl+D>组合键复制一层，设置这一层的渲染为外侧。

这样就用两层拼成了一个地球。

16．添加内部球体

1）在"地球"合成里新建一个固态层，设置如图4-36所示。

2）为其添加填充效果，填充颜色设为蓝色（0，36，255）。

3）再为其添加CC球体，设置半径为185，照明强度为150，灯光高度为100，环境为100。

4）按<T>键展开透明度，设为60。

5）按<Ctrl+[>组合键将这一层移动到两层地图之间，这样一个带旋转的地球合成就完成了，效果如图4-37所示。

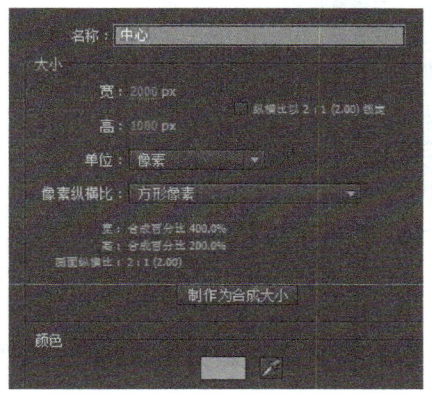

图 4-36

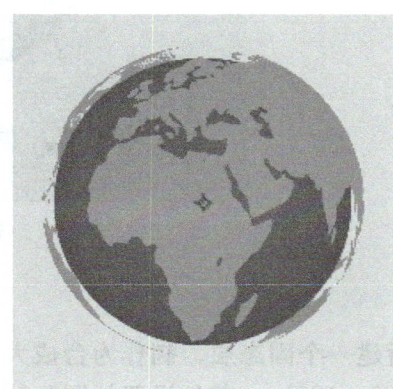

图 4-37

17．地球出现动画

1）回到总合成，从项目面板将刚才建立的"地球"合成拖入总合成。按<P>键展开位置设为（640，300）。

2）将时间线移至6s 02帧的位置，按<[>键设置图层起始位置到当前时间。按<S>键展开缩放，设置缩放为0，并单击缩放前面的码表添加一个关键帧。

3）将时间线移至6s 12帧的位置，设置缩放为90。

4）将时间线移至6s 17帧的位置，设置缩放为72。

5）将时间线移至6s 22帧的位置，设置缩放为86。

6）将时间线移至7s 02帧的位置，设置缩放为76。

7）将时间线移至7s 07帧的位置，设置缩放为82。

8）将时间线移至7s 12帧的位置，设置缩放为80。

9）将框选所有缩放关键帧，按<F9>键柔化曲线。

这样地球就伴随着圆形底色7的消失动画缩放出现了。

18．文字

1）在菜单栏中执行"图层"→"新建"→"文字"命令，输入文字并在"文字"面板和"段落"面板调节其各项属性。

2）调节位置，使文字在地球下方。打开3D开关，将时间线移至6s 12帧的位置，按<Alt+[>组合键设置入点。

3）按<R>键展开旋转，设置X轴旋转为90°，并单击X旋转前面的码表添加关键帧。

4）将时间线移至6s 22帧的位置，设置X轴旋转为0，框选这两个关键帧，按<F9>键柔化曲线。

这样就做了一个简单的文字翻转出现的动画，效果如图4-38所示。

图 4-38

19．暗角

1）新建一个固态层，制作为合成大小，取名暗角。起始颜色为白色，结束颜色为（180，180，180），其他设置如图4-39所示。

2）设置图层的叠加模式为"正片叠底"，如图4-40所示。

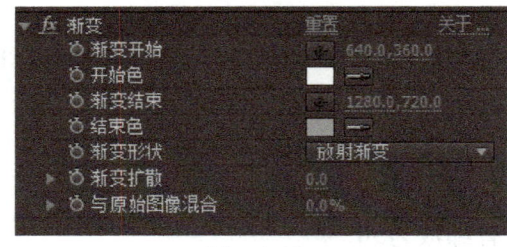

图 4-39

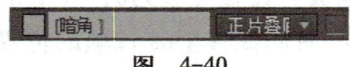

图 4-40

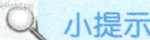 小提示

没有叠加模式选项可以按<F4>键展开。

这样这个案例就大致完成了，在预览效果里还加了一些水滴和调色，请参照工程文件学习。

项目审核和交接

1）本项目中两个任务由工作室成员完成后，交由工作室主管审核。

2）经过主管审核后，对需修改的部分进行首次修改。

3）再由主管交付至客户审核，根据客户的意见，工作室成员进行二次修改。

4）一般经过2、3次的修改后，最终完成任务的审核和交接。

必备知识

本项目介绍了随机变换、随机颜色、弹性动画、百叶窗效果、拖尾效果、CC球体、多层扩散圆等。

项目拓展

1）尝试制作一个左右翻转的效果。
2）尝试不同的图片和不同的颜色制作。

项目评价

在本项目中，学习了使用After Effects软件来制作创意短片和电视产品广告类的视频作品。通过制作2个作品来展示。了解创意短片的制作流程，以及添加特效、弹性动画等知识点的掌握。通过本项目的学习，做一个项目评价和自我评价。

《制作创意短片》	很满意	较满意	有待改进	不满意
项目设计的评价				
项目的完成情况				
知识点的掌握情况				
与本组成员协作情况				
客户对项目的评价				
自我小结				

项目7　制作商业产品广告

项目描述

当今时代，商业产品广告在生活中已经无所不在了，无论在电视前、地铁中、网络里、手机上，仿佛每时每刻都会出现商业产品广告。作为一则电视广告，能否引起观众的注意，对于广告至关重要，一条电视广告首先要具备视觉和听觉甚至心理上的冲击力，因为电视广告的受众都是在被动状态下接收广告的，而电视广告又是极为短暂的。如果不能抓住观众的注意力，那么电视广告就起不到应有的效果。电视广告的长度通常在15～30s，在如此短暂的时间里，广告除了传达商品信息外，还应该令人难忘，有没有一个突出的高潮记忆点至关重要。如果再在记忆点上加上诉求点，那么不但能给观众留下深刻的印象，还会清晰地达到诉求的目的。充分运用画面和叙事节奏，突出产品。

任务1　制作彩色产品广告

任务分析

今天的任务是制作一个彩色产品的商业广告。产品是彩色铅笔，有多种颜色，为了表现产品这一特点，让商品更有竞争力，设计了动画动感十足、颜色鲜明对比的广告片。突出了产品色彩特征，增强了感染力，强化产品视觉效果，营造动态美感。

这部商业产品广告将分为三个部分来制作：①新建合成及素材管理。②制作3个分镜头。③组合镜头及调色。

任务实施

1．新建合成

在菜单栏中选择"图像合成"→"新建合成组"命令（快捷键为<Ctrl+N>组合键），在弹出的对话框中设置"合成组名称"为"总合成"，"预置"选择"HDV/HDTV 720 25"，"持续时间"设为10s，"背景色"设置为白色，单击"确定"按钮建立一个合成，这将作为本任务的总合成来使用。效果如图4-41所示。

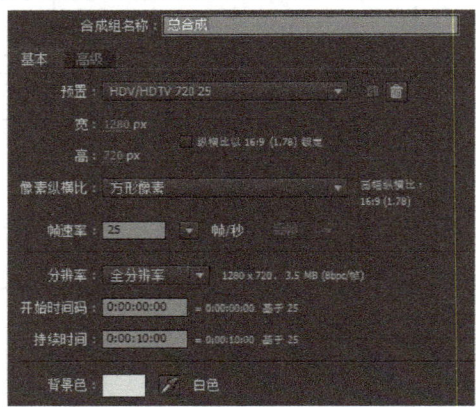

图　4-41

2．导入素材

按<Ctrl+I>组合键导入素材，选择配套文件中的"彩色铅笔.psd"文件。在弹出的对话框中选择"合成"→"图层大小"命令，单击"确定"按钮。这时会导入一个合成和一个存放图层的文件夹，效果如图4-42所示。

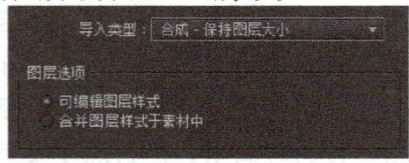

图　4-42

3．新建"镜头1"合成

总合成由3个镜头组成，先来做"镜头1"。

1）新建一个合成，设置如图4-43所示。

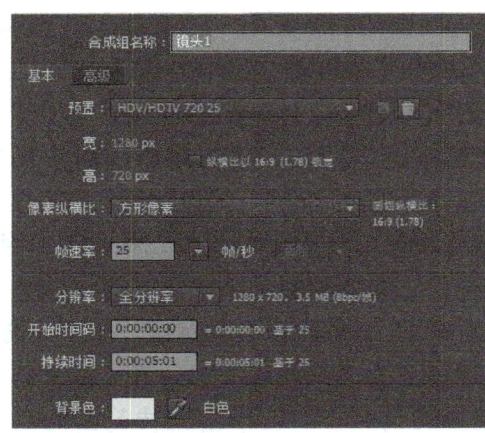

图 4-43

2）在项目面板找到刚才导入的彩色铅笔合成，双击打开。按<Ctrl+A>组合键全选里面的图层，按<Ctrl+C>组合键复制。回到"镜头1"合成，按<Ctrl+V>组合键粘贴。单击鼠标右键，在弹出的快捷菜单中选择"变换"→"重置"命令，这样所有层都到了合成中心。

4．倒序图层

现在的图层顺序是柠檬黄在最下面，但希望它在最上面，也就是把所有图层顺序反转。可以先取消所有图层的选择，再选中柠檬黄这一层，按住<Shift>键选择最上方的紫色这一层，按<Ctrl+X>组合键剪切，按<Ctrl+V>组合键粘贴，这样所有的图层顺序就倒过来了。

5．单个展开动画

选择柠檬黄这层，打开它的独显开关 ，为其添加"效果"→"风格化"→"动态平铺"效果。将时间线移至1s 05帧的位置，设置动态平铺的输出高度为0，并单击前面的码表添加一个关键帧。按<U>键展开关键帧，将时间线移至1s 15帧的位置，设置输出高度为50。将时间线移至2s 10帧的位置，单击输出高度前面的添加关键帧按钮 添加一个关键帧。将时间线移至2s 20帧的位置，设置输出高度为100，框选4个关键帧，按<F9>键柔化曲线。

6．单个旋转动画

1）选择柠檬黄，按<R>键展开旋转，将时间线移至1s 20帧的位置，设置旋转为-90°，并单击码表添加关键帧，将时间线移至2s 05帧的位置，设置旋转为0。这时就有了先展开再旋转再展开的动画。

2）这里为了加强动势，采用"预备动作"的手法，将时间线移至1s 22处，设置旋转为-95°，框选所有旋转关键帧，按<F9>键柔化曲线，这样旋转的动势效果就会被加强。

7．其他层旋转出现动画

关闭柠檬黄的独显开关，显示出其他的层。

1）选择橙色层，将时间线移至2s 20帧的位置，按<Alt+[>组合键设置入点，按<R>键展开旋转，单击旋转前面的码表添加一个关键帧，按<PageDown>键4次向后4帧，设置旋转为22.5°，框选两个关键帧，按<F9>键柔化曲线。

2）选择淡粉层，将时间线移至2s 24帧的位置，按<Alt+[>组合键设置入点，按<R>键展开旋转，设置旋转为22.5°，单击旋转前面的码表添加一个关键帧，按<PageDown>键4次向后4帧，设置旋转为45°，框选两个关键帧，按<F9>键柔化曲线。

3）选择淡色层，将时间线移至3s 03帧的位置，按<Alt+[>组合键设置入点，按<R>键展开旋转，设置旋转为45°，单击旋转前面的码表添加一个关键帧，按<PageDown>键4次向后4帧，设置旋转为67.5°，框选两个关键帧，按<F9>键柔化曲线。

4）选择红色层，将时间线移至3s 07帧的位置，按<Alt+[>组合键设置入点，按<R>键展开旋转，设置旋转为67.5°，单击旋转前面的码表添加一个关键帧，按<PageDown>键4次向后4帧，设置旋转为90°，框选两个关键帧，按<F9>键柔化曲线。

5）选择绿色层，将时间线移至3s 11帧的位置，按<Alt+[>组合键设置入点，按<R>键展开旋转，设置旋转为90°，单击旋转前面的码表添加一个关键帧，按<PageDown>键4次向后4帧，设置旋转为112.5°，框选两个关键帧，按<F9>键柔化曲线。

6）选择蓝色层，将时间线移至3s 15帧的位置，按<Alt+[>组合键设置入点，按<R>键展开旋转，设置旋转为112.5°，单击旋转前面的码表添加一个关键帧，按<PageDown>键4次向后4帧，设置旋转为135°，框选两个关键帧，按<F9>键柔化曲线。

7）选择紫色层，将时间线移至3s 19帧的位置，按<Alt+[>组合键设置入点，按<R>键展开旋转，设置旋转为35°，单击旋转前面的码表添加一个关键帧，按<PageDown>键4次向后4帧，设置旋转为157.5°，框选两个关键帧，按<F9>键柔化曲线。

现在的效果和图层关系应该是这样的，效果如图4-44和图4-45所示。

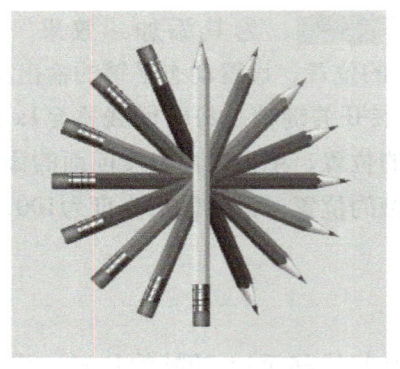
图 4-44

图 4-45

8．设置父级

现在需要添加一个父级使旋转看起来更生动。

1）在菜单栏中执行"图层"→"新建"→"空白对象"命令，按<Enter>键改名为父级，将时间线移至2s 20帧的位置，按<R>键展开旋转，按<Shift+S>组合键再展开缩放。

2）单击这两个属性前面的码表添加关键帧，将时间线移至3s 23帧的位置，设置缩放为75，旋转为90°，框选4个关键帧，按<F9>键柔化曲线。

9. 指定父级

选中所有的铅笔层，将时间线移至0s处，设置父级为刚才设置好的空白对象。

现在播放动画就会发现父级已经带着下方图层一起旋转了，效果如图4-46所示。

图 4-46

10. 出画动画

现在让第一个镜头结束，也就是让铅笔出画。

1）选中所有8个铅笔层，按<A>键展开中心点属性。将时间线移至3s 23帧的位置，单击中心点前面的码表，所有的层的中心点都会被打上关键帧。

2）将时间线移至4s 13帧的位置，设置中心点，参数自己任意调整，调出图片效果为止。框选所有16个中心点关键帧，按<F9>键柔化曲线。这样每个铅笔就会沿自己的方向出画了，效果如图4-47所示。

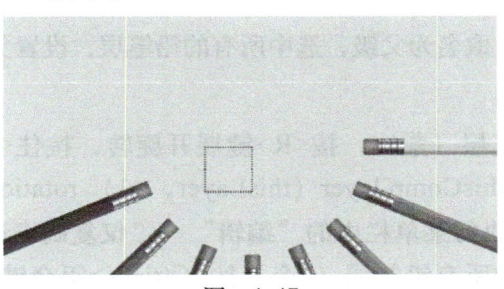

图 4-47

11. 为"镜头1"添加阴影

现在给整个场景加上阴影，在菜单栏中执行"图层"→"新建"→"调节图层"命令。选中新建的调节层，按<Enter>键改名为阴影，在菜单栏中为其添加"透视"→"阴影"效果，设置参数如图4-48所示。

图 4-48

这样整体就有了一个阴影。

>  **小提示**
>
> "镜头1"就做到这里，在预览效果里还能看到一些细小的线条，制作方法比较复杂，此处不再一一阐述。读者可以自己研究工程文件来学习。

12. 建立"镜头2"合成

新建一个合成，设置参数，如图4-49所示。

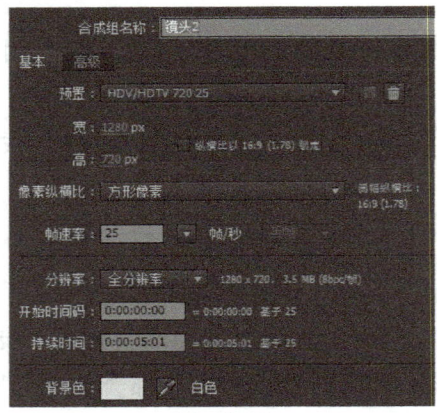

图 4-49

用第3、4步同样的方法复制图层到"镜头2"里面，重置变换，倒序图层。

13. "镜头2"建立父级

新建一个空白对象，取名为父级，选中所有的铅笔层，设置父级为新建的空白对象。

14. 设置旋转

1）选中第二层铅笔层（紫），按<R>键展开旋转，按住<Alt>键单击旋转前面的码表添加表达式，输入thisComp.layer（thisLayer，–1）.rotation+45，表示比上一层多45°，选中旋转属性，执行菜单栏中的"编辑"→"仅复制表达式"命令。

2）选中蓝色下方的所有铅笔层（7个）按<Ctrl+V>组合键粘贴，这样所有的铅笔层就排成了圆形。

15. 设置进入动画

1）选中所有铅笔层，按<A>键展开中心点属性，将时间线移至0s处，设置中心点为（17.5，–662），这样所有的图层都在画面之外。

2）单击中心点前面的码表添加一个关键帧，将时间线移至20帧的位置，设置中心点为（17.5，–30），这样就有了一个聚合动画，效果如图4-50所示。

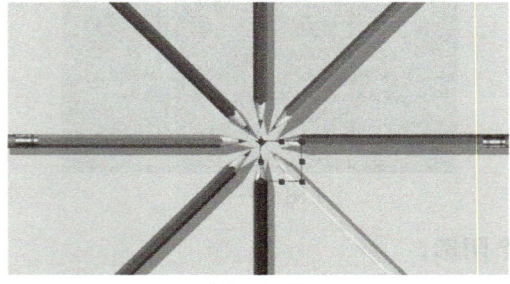

图 4-50

16. 父级动画

和前面的方法类似，需要加一个父级动画，这样会使动画更生动。

1）选择前面新建的父级，按<R>键展开旋转，按住<Alt>键单击旋转前面的码表添加表达式time*60。这样整体就会跟随时间自动旋转，按<S>键展开缩放，将时间线移至0s的位置，设置缩放为160，并且单击码表添加关键帧。

2）将时间线移至20帧的位置，设置缩放为92。

3）将时间线移至1s的位置，设置缩放为106。

4）将时间线移至1s 05帧的位置，设置缩放为96。

5）将时间线移至1s 10帧的位置，设置缩放为102。

6）将时间线移至1s 15帧的位置，设置缩放为100。

这样就完成了一个缩放进入的动画，并且有弹性运动规律。

17．设置颜色突变

接下来要制作一个画面缩放平铺的突变效果。

1）首先来做背景色的突变。在菜单栏中执行"图层"→"新建"→"调节图层"命令，选中新建的调节层，按<Enter>键改名为背景色。将时间线移至2s 01帧，按<Alt+[>组合键设置入点，将时间线移至3s 07帧的位置，按<Alt+]>组合键设置出点，这样调节层就只在这一段时间内起效。

2）为调节层添加"通道"→"单色合成"效果，设置颜色为绿色（81，255，171），这样在调节层的时间内背景色就是这个颜色。希望中间还有一次突变，将时间线移至2s 16帧的位置，单击单色合成颜色前面的码表添加一个关键帧，按<PageDown>键向后一帧，设置颜色为青色（67，255，253）。这样就有了3次变化，先由普通背景（透明）变化到绿色，再由绿色变到青色，最后变回普通背景，效果如图4-51所示。

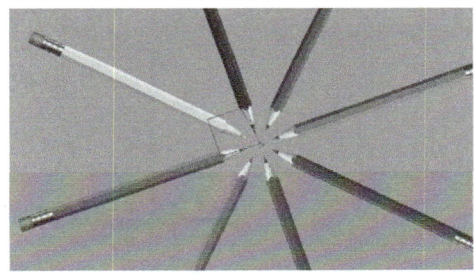

图 4-51

18．添加阴影

打开前面的"镜头1"合成，选中阴影层，按<Ctrl+C>组合键复制，回到"镜头2"合成，选中父级这一层，按<Ctrl+V>组合键粘贴，这样就会添加一个和"镜头1"一样的阴影。

19．平铺

1）在"镜头2"合成新建一个调节层，为其添加"效果"→"扭曲"→"CC平铺"效果。

2）将时间线移至2s的位置，单击CC平铺的缩放前面的码表添加一个关键帧，按<U>键展开关键帧。

3）将时间线移至2s 01帧的位置，设置CC平铺的缩放为50%。

4）将时间线移至2s 16帧的位置，单击CC平铺缩放前的添加关键帧按钮添加一个关键帧。

5）将时间线移至2s 17帧的位置，设置CC平铺的缩放为25%。

6）将时间线移至3s 07帧的位置，单击CC平铺缩放前的添加关键帧按钮添加一个关键帧。

7）将时间线移至3s 08帧的位置，设置CC平铺的缩放为5%。

这样就有了一个平铺推进的动画，和背景颜色变化相匹配，效果如图4-52所示。

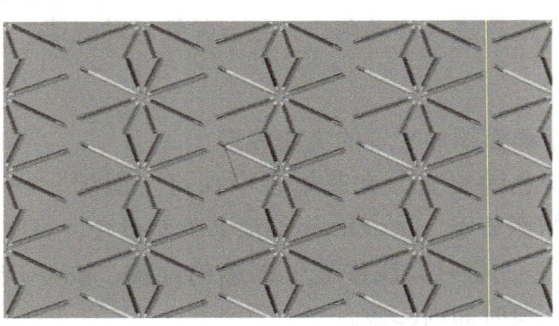

图 4-52

20．"镜头3"制作

再新建一个合成，设置和"镜头2"相同。在里面任意组合一些元素或文字，并做一些从无到有的动画，这里可以用以前学过的知识自由发挥，效果如图4-53所示，仅供参考。

图 4-53

21．组合镜头

1）打开总合成，从项目面板将镜头1、2、3都拖入到总合成里。

2）将时间线移至0s 07帧的位置，选中镜头2，按<Alt+[>组合键设置入点。

3）将时间线移至4s 09帧的位置，选中镜头1，按<Alt+]>组合键设置出点。

4）按<PageDown>键向后一帧，选中镜头2，按<[>键设置图层起始位置为当前时间线。

5）时间线移至7s 21帧的位置，选中镜头3，按<[>键设置图层起始位置为当前时间线。

6）同样在7s 21帧的位置，选中镜头2，按<T>键展开透明度，单击透明度前面的码表添加一个关键帧。将时间线移至8s 16帧的位置，设置透明度为0，这样就做了一个淡出动画。框选2个关键帧，按<F9>键柔化曲线。

7）鼠标拖曳图层名称上下移动可以改变图层顺序：将镜头2放在最上面，镜头3在第2层，镜头3放在最下面。

22．添加背景

现在的总合成还需要一个背景。

按<Ctrl+Y>组合键添加一个固态层，制作为合成大小，移动到最下方，为其添加"生成"→"渐变"效果，开始演示（240，240，240），结束色（180，180，180），其他设置参数如图4-54所示。

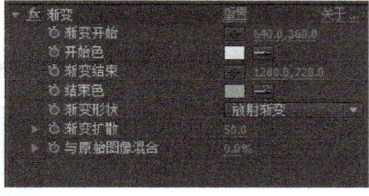

图 4-54

23．调色

1）新建一个调节层，为其添加"模糊与锐化"→"快速模糊"效果，设置参数如图4-55所示。

2）添加"扭曲"→"变换"效果，设置"透明度"为60。

3）添加"通道"→"CC复合操作"效果，设置"模式"为叠加，取消"仅RGB"选项。

4）添加"色彩校正"→"照片滤镜"效果，设置参数如图4-56所示。

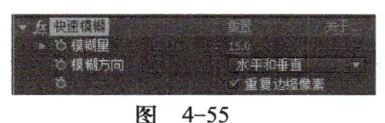

图 4-55

图 4-56

现在画面就有了一个淡雅的黄色。

至此，本任务就完成了。有许多细节由于篇幅关系没办法逐一详细讲解，读者可以自己研究工程文件来学习。初学者只要掌握讲到的内容就足够了，其他细节待日后技术提升再学习。

任务2　制作手机界面动画效果展示

任务分析

这部商业产品广告将分为三个部分来制作：①将产品外形绘制出来。这次的产品是手机，形状外形还是较容易制作的。②在制作好的手机外形基础上添加创意生动的动态效果，突出产品的特点、吸引消费者眼球。③制作摄像机动画及合成。如果只有产品动画还不够精彩，还要再添加摄像机动画及最后背景合成，让整个广告更完整、更有动感。

任务实施

第一部分：绘制手机外形

首先需要根据客户提供的产品资料来制作广告中的手机外形。虽然After Effects软件不是绘制图形的"顶尖高手"，但是设计师也能做出相当有质感的手机模型。下面一起来看一看是如何操作的吧。

1. 新建合成

在菜单栏中选择"图像合成"→"新建合成组"命令（快捷键为<Ctrl+N>），在弹出的对话框中设置"合成组名称"为"总合成"，"预置"选择"HDV/HDTV 720 25"，"持续时间"设为10s，"背景色"设置为黑色，单击"确定"按钮建立一个合成，这将作为本任务的总合成来使用，如图4-57所示。

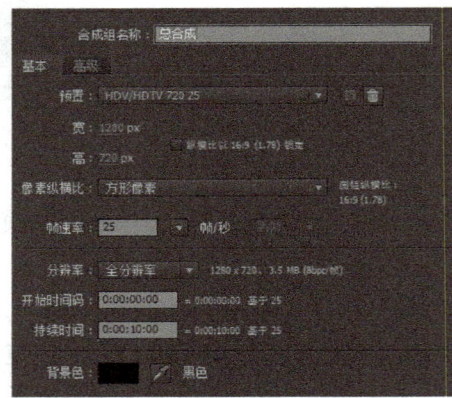

图 4-57

2. 建立原型机合成

这里要做一个手机的外形来充当底板，然后在上面加展示效果。

新建一个合成，设置如图4-58所示。

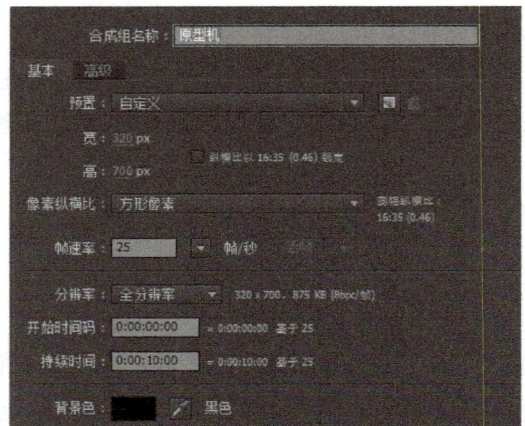

图 4-58

3. 绘制手机外形

1）在菜单栏中执行"图层"→"新建"→"形状图层"命令，选中新建的形状层，打开3D开关，按<Enter>键改名为edge01。

> **小提示**
>
> 这个名称很重要，表达式要读取它的序号。

2）单击图层前面的三角按钮▶展开图层属性，单击目录右面的"添加"三角按钮，选择矩形添加展开新添加的矩形，调节"大小"和圆角值，如图4-59所示。

图 4-59

3）再次单击"添加"三角按钮，添加一个填充。展开填充，将"颜色"设置为灰色（127，127，127），如图4-60所示。这样一个圆角矩形就制作完成了。

图 4-60

接下来需要为手机添加厚度和细节。

4. 制作厚度

1）选中edge01，按<P>键展开位置，选中位置属性，按住<Alt>键单击前面的码表添加表达式，输入value+[0，0，parseInt（name.substr（4，2））]，表示根据图层名称判断层次。edge01的Z轴位置就是1，edge02的Z轴位置就是2，依次类推。

2）选中edge01这一层，连续按<Ctrl+D>组合键进行复制，一直到复制到edge12。选中edge01和edge12这两层，在工具栏中修改它们的填充颜色为浅灰色（220，220，220）。这样厚度就制作完成了，可以到自定义视图用"摄像机工具"观察。在"摄像机工具"中，鼠标右键是推拉，鼠标中键是平移，鼠标左键是旋转，如图4-61所示。

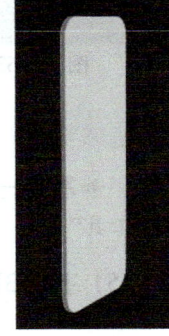

图 4-61

> 🔍 **小提示**
> 查看完要切换回有效摄像机视图，并换回"选择工具"。

5. 加屏幕底色

1）用步骤3的方法再新建一个形状层，命名为屏幕底色，同样添加矩形和填充。设置如图4-62所示。

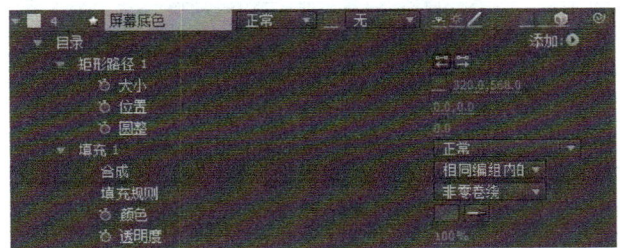

图 4-62

2）填充"颜色"为深灰色（86，86，86）。同样打开3D开关，按<P>键展开位置，设置"位置"为(160,350,0.9)。这样屏幕就紧贴在edge01上面了,切记不能重叠。

6. 添加听筒细节

现在看起来它已经有点像手机了,需要为它再添加一些细节。

1)新建一个形状层,命名为听筒。选中形状层,在工具栏中选择"钢笔工具",单击工具栏中的"填充"两个字,在弹出的对话框中设置填充为无(第一个),如图4-63所示。

2)再单击"描边"两个字,在弹出的对话框中设置描边为纯色(第二个),如图4-64所示。

3)再设置后面的描边颜色为(30,30,30),描边宽度为6,如图4-65所示。

4)选中听筒形状层,在屏幕的上方画一条直线。先单击画出第一个点,然后按住<Shift>键在右边单击画第二个点,画出来的就是直线,并且有上面设置好的描边。效果如图4-66所示。

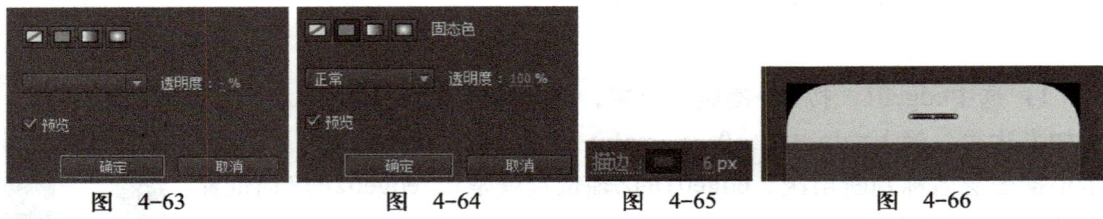

图 4-63　　　　图 4-64　　　　图 4-65　　　　图 4-66

> **小提示**
>
> 如果第一次画得不满意则可以按<Ctrl+Z>组合键撤销后再画,画完以后记得切换回"选择工具"。

5)打开3D开关,按<P>键展开位置,设置为(160,35,0.9)。

7. 添加摄像头

1)再新建一个形状层,命名为摄像头,展开目录。

2)单击右侧的"添加"三角按钮,为其添加一个矩形和一个描边,设置如图4-67所示。描边颜色为(190,190,190)。同样打开3D开关,按<P>键展开位置,设置为(117.25,36.25,0.9)。

图 4-67

8. 添加Home键

1)再新建一个形状层,命名为Home键,为其添加一个矩形和描边。参数设置如

图4-68所示。描边颜色为（190，190，190）。

2）同样打开3D开关，按<P>键展开位置，设置为（160，666，0.9） 。效果如图4-69所示。

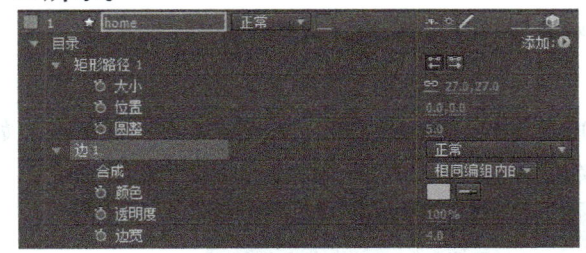

图 4-68　　　　　　　　图 4-69

至此，原型机部分就完成了。效果如图4-70和图4-71所示。

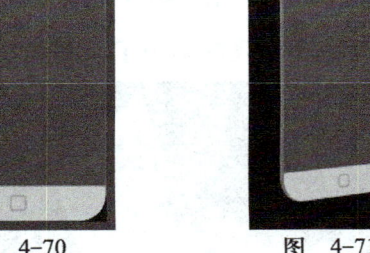

图 4-70　　　　　　　　图 4-71

第二部分：动画制作

9. 镜头1

1）新建一个合成，设置如图4-72所示。

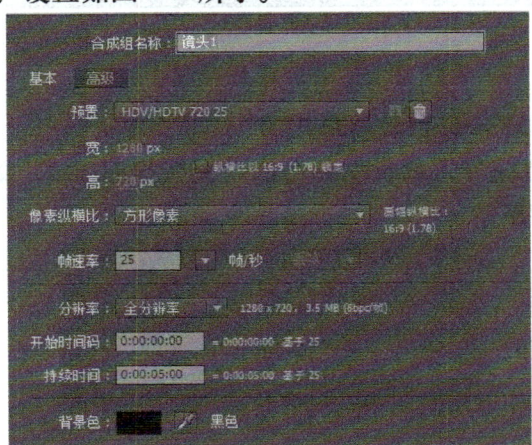

图 4-72

2）在项目面板中找到原型机合成，拖入到镜头1合成里面来，打开3D开关，打开塌陷开关 。这样就能继承合成内部的3D属性，而不是一个面片。

3）执行"图层"→"新建"→"摄像机"命令，新建一个28mm的摄像机，设置如图4-73所示。

图　4-73

4）按<P>键展开位置，设置为（640，360，-1436）。

这样最基本的搭建就完成了，接下来要做一个手机的旋转动画。

10．镜头1_手机旋转

1）选择原型机层，将时间线移至0s的位置，设置位置、Y轴旋转、Z轴旋转，如图4-74所示。并为位置和Y轴旋转添加关键帧。

图　4-74

2）将时间线移至3s的位置，设置位置和Y轴旋转，如图4-75所示。

图　4-75

这样手机就有了一个向屏幕内部飞的动画了，效果如图4-76所示。

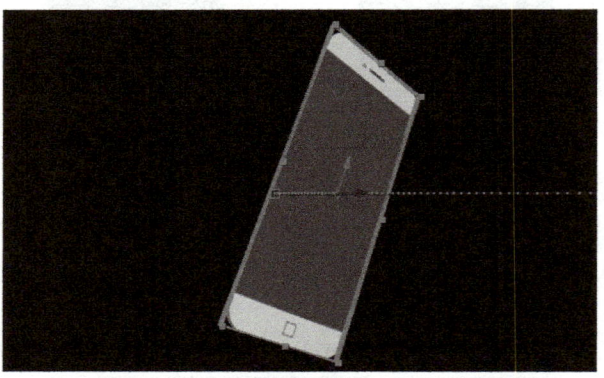

图　4-76

11．天气界面

下面先把天气界面的3D聚合做出来。

1）按<Ctrl+I>组合键导入素材文件中的"天气界面.psd"文件，会弹出一个设置对话框，设置如图4-77所示。

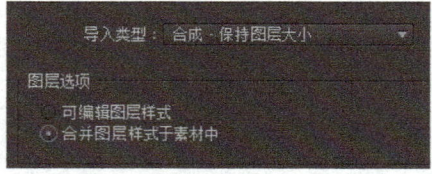

图　4-77

 小提示

这样就能保留所有图层，并且自动建立一个合成。

2）打开天气界面合成，根据图层名称，选中所有带文字的层，按住<Ctrl>键加选。执行菜单栏中的"图层"→"转换为可编辑文字"命令，这样这些图层就变成了AE的文字层，方便后面做文字特效。保持这些文字层选中的情况下，按<Ctrl+Shift+]>组合键将它们移动到最上面，设置如图4-78所示。并且暂时关闭它们的显示开关 。

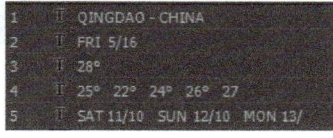

图 4-78

12. 添加条形色块

1）按<Ctrl+Y>组合键新建一个固态层，大小设置如图4-79所示，并打开3D开关。

2）其他设置随意，按<Enter>键改名为色块01，为其添加"生成"→"填充"效果。填充颜色为（79，155，233），其他设置如图4-80所示。

图 4-79

图 4-80

3）按<P>键展开位置，选中位置属性，y位置就会变成独立的参数。设置y位置为538，按<S>键展开缩放，关闭缩放属性的等比链条。设置为（100，98，100）。

4）按<Ctrl+D>组合键复制一层，设置y位置为479。

复制第二层，设置y位置为418。复制第三层，设置y位置为358。

复制第四层，设置y位置为298。复制第五层，设置y位置为238。

复制第六层，按<Enter>键改名为顶部色块。设置y位置为30。还原缩放为（100，100，100）。

这样就得到了7条色块。可以按<Ctrl+;>组合键暂时关闭导入时所带的参考线，效果如图4-81所示。

图 4-81

13. 位置色块

1）按<Crtl+Y>组合键再新建一个固态层，设置如图4-82所示，并打开3D开关。

2）同样为其添加填充，填充颜色为（50，90，240），其他设置如图4-83所示。

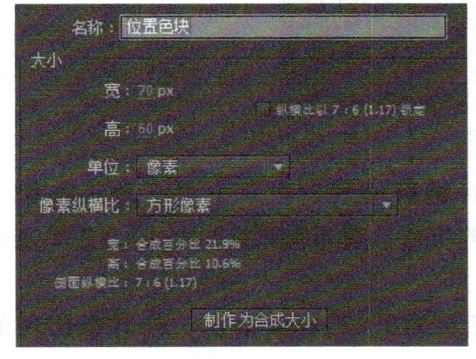

图 4-82

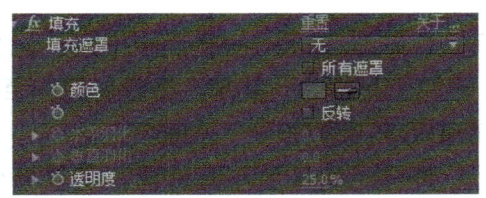

图 4-83

和前面一样分割位置参数，设置X、Y位置分别为35、30，设置如图4-84所示。

图 4-84

3）这样在左上角建立了一个小色块。鼠标拖曳图层名字上下移动可以改变图层位置。现在排列图层，并关闭所有图层显示，如图4-85所示。

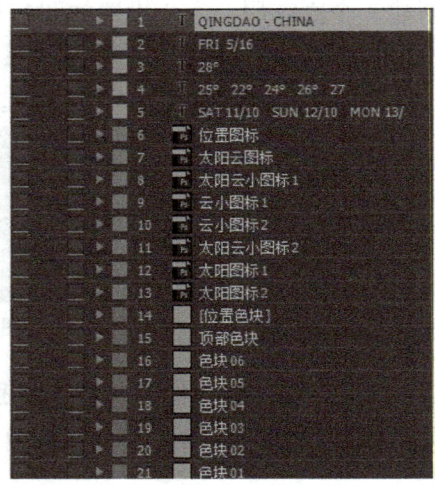

图 4-85

14. 设计背景

1）新建一个固态层，颜色设置为（79，193，233），其他设置如图4-86所示。

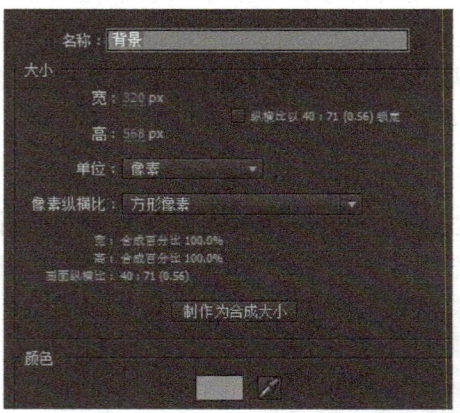

图 4-86

2）打开3D开关，按<Ctrl+Shift+[>组合键移动到合成最下面。为其添加"过渡"→"CC行擦除"效果，将时间线移至0s的位置，设置如图4-87所示。并单击填充范围前面的码表添加一个关键帧。

3）将时间线移至2s的位置，设置填充范围为0。这样就有了一个背景出现的动画。效果如图4-88所示。

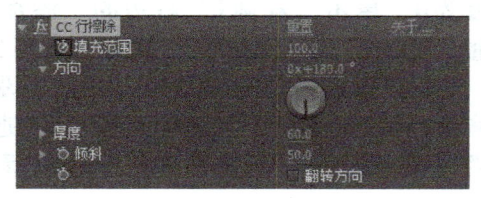
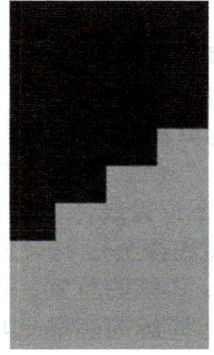

图 4-87　　　　　　　　　图 4-88

15. 色块步幅动画

1）打开所有色块层的显示（1个位置，1个顶部，6个长条）。选中顶部色块这一层。

按<P>键展开位置。将时间线移至0s 10帧的位置，设置Z轴位置为-200，并单击Z轴位置前面的码表添加关键帧。

按<T>键展开透明度属性，设置为0并添加关键帧。

按<R>键展开旋转，设置X轴旋转为-60并添加关键帧。

按<U>键展开所有关键帧，按<Shift+PageDown>组合键向后10帧。设置透明度为100，按<Shift+PageDown>组合键再向后10帧。设置Z轴位置和X轴旋转都为0，框选6个关键帧，按<F9>键柔化曲线。按<Ctrl+C>组合键复制这些关键帧，效果如图4-89所示。

2）将时间线移至0s 10帧的位置，选中所有8个色块层，按<Alt+[>组合键设置入点。

图 4-89

按<Ctrl+V>组合键粘贴刚才复制的关键帧，这样所有的色块都有了动画。下面要将动画错开。

按<Ctrl+Shift+A>组合键取消选择。

时间线移至0s 15帧的位置；选中位置色块，按<[>键移动图层到当前时间线。

时间线移至0s 20帧的位置；选中色块06，按<[>键移动图层到当前时间线。

时间线移至1s 00帧的位置；选中色块05，按<[>键移动图层到当前时间线。

时间线移至1s 05帧的位置；选中色块04，按<[>键移动图层到当前时间线。

时间线移至1s 10帧的位置；选中色块03，按<[>键移动图层到当前时间线。

时间线移至1s 15帧的位置；选中色块02，按<[>键移动图层到当前时间线。

时间线移至1s 20帧的位置；选中色块01，按<[>键移动图层到当前时间线。

这样就有了一个色块逐个进入的动画，如图4-90所示。

图 4-90

16. 文字动画

1）打开所有文字层的显示开关，选中第一层文字，单击图层前面的三角展开它的属性。

单击右侧的"动画添加"三角按钮 动画:○ ，在出现的菜单中选择启用逐字3D化，再单击透明度为其添加透明度动画。

2）展开"动画1"，设置透明度为0。单击"动画1"右边的"添加"三角按钮 添加:○ 添加一个位置属性，设置"位置"为（0，0，-100）。展开"动画1"的范围选择器，将时间线移至1s 10帧的位置。设置范围选择器的偏移为-100，并设置关键帧，时间线移至3s 10帧的位置。设置偏移为100，框选两个关键帧，按<F9>键柔化曲线。再展开范围选择器的高级选项，设置"基于"为"无空格字符"，设置"形状"为"上倾斜"，如图4-91所示。

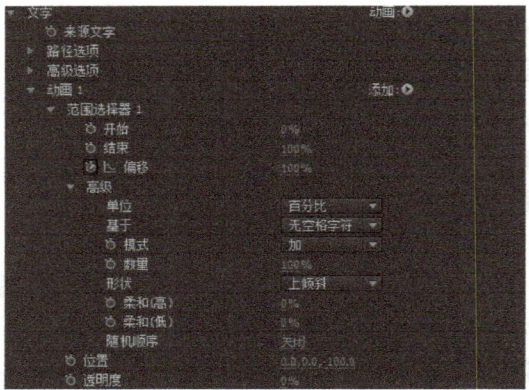

图 4-91

这样第一层文字就有了一个文字飘入的动画。

3）选中做好的层文字的文字总层级 ▶ 文字 ，按<Ctrl+C>组合键复制。将时间线移至1s 10帧的位置，选中其他4层文字，按<Ctrl+V>组合键粘贴，这样所有文字都有了动画。

> **小提示**
>
> 最后还有一个图标逐个进入的动画和色块逐个进入的动画，制作方法一样，留给读者自己尝试制作，这里不再一一阐述。

17. "镜头2"

1）新建一个合成，设置如图4-92所示。

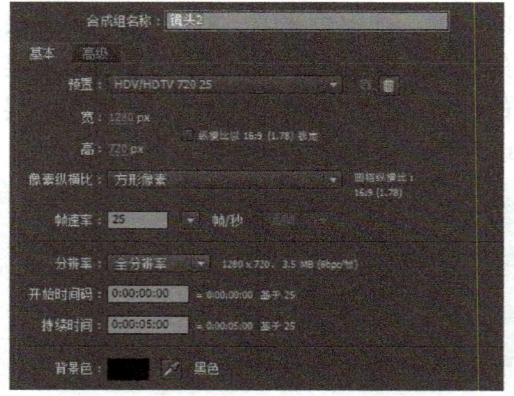

图 4-92

2）在项目面板中找到原型机合成和刚才完成的天气界面合成，将它们拖入"镜头2"合成，打开塌陷开关和3D开关。选中天气界面合成，单击<P>键展开位置，设置为（640，360，0.8）。这样两个3D的物体就组合在了一起。

3）新建一个摄像机，选择28mm摄像机。再执行"图层"→"新建"→"空白对象"命令，选中新建的空白对象，按<Enter>键改名为摄像机控制。打开3D开关，将摄像机的父级设置为空白对象，设置如图4-93所示。

图 4-93

这样"镜头2"基本搭建就完成了。接下来要做摄像机动画。

第三部分：摄像机动画和镜头组合

18. 摄像机控制层

1）选中摄像机控制层，按<P>键显示位置属性，按<Shift+R>组合键增加旋转属性的显示，将时间线移至0s的位置，设置位置方向X旋转如图4-94所示，并为它们添加关键帧，按<U>键展开所有关键帧。

图 4-94

2）将时间线移至合成最后（快捷键为<End>），设置属性如图4-95所示。

图 4-95

这样就有了一个摄像机摇移的动画，如图4-96所示。

图 4-96

> **小提示**
>
> 画面可能会有些锯齿，这只是预览显示的关系，最终输出是没有的。

19. "镜头3"

新建一个"镜头3"合成。设置和镜头2一样，在里面加上自己喜欢的文字或者自己的Logo，然后为它们做入场动画，比如淡入或者移入。这一部分可以自由发挥，没有什么特别要求，效果如图4-97所示。

图 4-97

20．镜头组合

1）将镜头1、2、3都拖入总合成。排列顺序如图4-98所示。

图 4-98

2）将时间线移至2s 15帧的位置，选中镜头1，按<T>键展开透明度，单击码表添加关键帧。将时间线移至3s的位置，设置透明度为0。按<Alt+>组合键截断图层，框选2个关键帧，按<F9>键柔化曲线。这样就有了一个淡出动画。

3）将时间线移至2s 15帧的位置，选中镜头2，按<[>键设置起始点到当前时间线。按<T>键展开透明度，设置为0并添加关键帧。将时间线移至3s 05帧的位置，设置透明度为100，这样就和镜头1产生了一个交叉叠画的简单转场。

4）将时间线移至7s的位置，选中"镜头2"，单击透明度属性前面的添加关键帧按钮添加一个关键帧。按<O>键跳转时间到镜头2末尾，设置透明度为0，框选4个关键帧，按<F9>键柔化曲线。这样镜头2就有了一个先淡入再淡出的动画。

5）将时间线移至7s的位置，选中"镜头3"，按<[>键设置起始点到当前时间线。镜头3如果自带入场动画（就是从无到有的动画）就不需要设置透明度变化了，如果没有入场动画则根据上面的方法设置淡入动画，这里不再详细阐述。

至此镜头组合就完成了。现在没有背景，下面来制作一个简单背景。

21．背景

1）新建固态层，制作为合成大小，命名为背景。为其添加"生成"→"渐变"效果，不需要修改参数。再为其添加"色彩校正"→"彩色光"效果。展开彩色光的输出循环属性，选择"预制调色板"→"渐变灰"命令，然后在此基础上修改输出循环，如图4-99所示（左键单击圆环边缘加点，双击三角点修改颜色）。

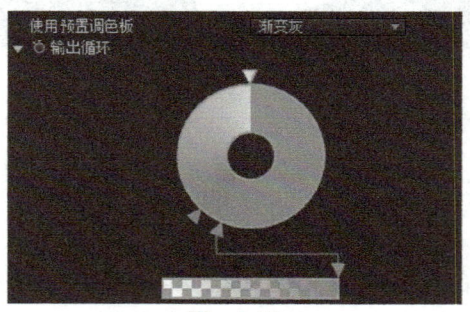

图 4-99

2）调完以后将背景放到合成最下面。效果如图4-100所示。

图 4-100

这样就有了一个类似地面与天空的背景。

至此,整个项目就完成了。

项目审核和交接

1) 本项目由工作室成员完成后,交由工作室主管审核。
2) 经过主管审核后,需修改的部分进行首次修改。
3) 再由主管交付至客户审核,根据客户的意见,工作室成员进行二次修改。
4) 一般经过2、3次的修改后,最终完成任务的审核和交接。

必备知识

本项目需掌握3D图层操作、塌陷工作流、步幅动画、高级文字动画、动态平铺、CC平铺等。

项目拓展

1) 请读者利用配套资源"ch07"文件夹中的"练习"文件制作一些更有创意的界面展示。
2) 选择一个别的物品(比如手机、U盘之类的)做类似效果。

项目评价

在本项目中,我们学习了使用After Effects软件制作产品动态效果展示。通过手机模型制作、动画制作和摄像机动画及合成三个部分来制作手机界面动态效果展示。了解产品动态展示的制作流程,以及AE软件基本知识点的掌握。通过本项目的学习,做一个项目评价和自我评价。

《制作创意短片和电视广告》	很满意	较满意	有待改进	不满意
项目设计的评价				
项目的完成情况				
知识点的掌握情况				
与本组成员协作情况				
客户对项目的评价				
自我小结				

学习单元4 制作创意短片和电视广告

学习单元5
制作主题宣传片

学习单元 5 制作主题宣传片

> **单元概述**
>
> 宣传片是用制作电视、电影的表现手法对所宣传的对象内部的各个层面有重点、有针对、有秩序地进行策划、拍摄、录音、剪辑、配音、配乐、合成输出制作成片，目的是为了声色并茂地凸显宣传对象独特的风格面貌、彰显其实力，让社会不同层面的人士对宣传对象产生正面、良好的印象，从而建立对该宣传对象的好感和信任度。宣传片从其目的和宣传方式不同的角度来分可以分为企业宣传片、产品宣传片、公益宣传片、电视宣传片和招商宣传片。

> **学习目标**
>
> 知识目标：掌握After Effects和Premiere的高级操作及商业剪辑。
> 技能目标：能通过After Effects和Premiere高级操作掌握宣传影片的制作流程、结合项目特点进行素材加工、影片剪辑和包装；同时练习对影片节奏的控制。
> 情感目标：培养学生的应岗能力和协调能力。

项目8 制作城市形象片

项目描述

好的旅游宣传片会带给企业较高的商业价值，所以旅游宣传片要突出所介绍的旅游景点的特色，让旅游者在旅游前能从宣传片中得到关于旅游景点的一些特色信息，比如特色景点和景点背景等。

本项目为制作景点的宣传版头，共有2个任务，均是从设计分镜头开始，然后挑选景区的特色内容完成宣传片制作，对素材可以利用Photoshop和Premiere软件进行加工。后期的剪辑与特效可以利用Premiere或者After Effects软件完成。

▶▶▶ 任务1 制作"美丽苏州"城市形象片

任务分析

本任务是制作一个翻开折页的书画效果，这类有关三维场景的片头在各类广告中运用非常广泛，作为一个简单的案例，该效果有助于学员理解三维坐标的构成以及培养学员对物体在三维空间中运动的认知。

任务实施

1. 分离折页

1）从Project面板中将"页面.png"拖至时间线中。根据图像中的3个折痕，准备将其制作成4折，先使用遮罩将其4个部分分离出来。在工具栏中选择▇工具，选中"页面.png"层，参照左侧的折痕绘制遮罩Mask 1，将第1个折叠页分离出来，如图5-1和图5-2所示。

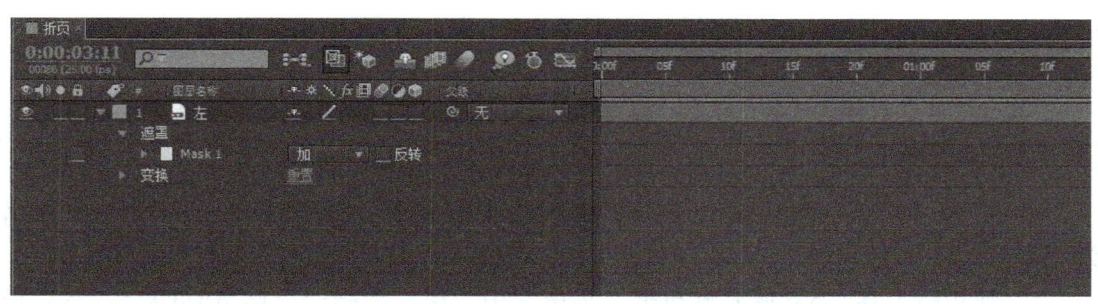

图 5-1

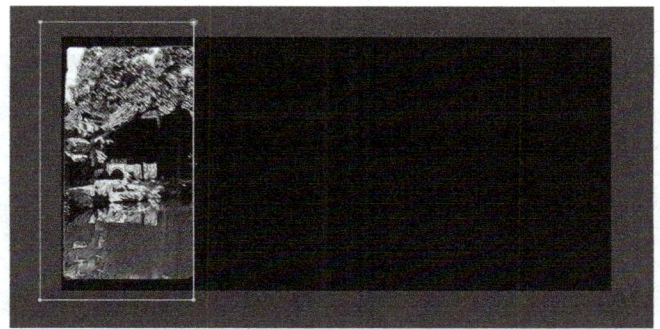

图 5-2

2）选中"页面.png"层，按<Ctrl+D>组合键创建一个副本，然后按<Enter>键分别重新命名这两个图层，上层名称为"左"、下层名称为"左中"。

3）使用 ■ 工具，参照中部折痕，选中"左中"层，绘制一个与Mask 1部分重叠的遮罩Mask 2，并将Mask 1移至Mask 2之下，设置遮罩运算方式为Subtract，即Mask 1从Mask 2中减去重叠部分，这样将第2个折叠页分离出来，单独查看这个圈层，如图5-3和图5-4所示。

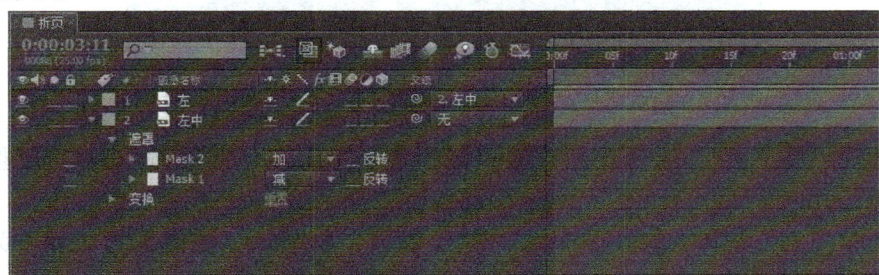

图 5-3

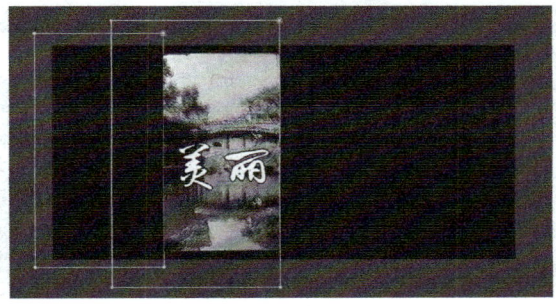

图 5-4

> **小提示**
>
> 在使用遮罩的时候往往会对不同的遮罩进行运算得到想要的效果，有关遮罩的运算方式希望大家能够熟练掌握。

4）选中"左中"层，按<Ctrl+D>键创建一个副本，然后按<Enter>键重新命名为"中"。

5）使用■工具，S参照右侧折痕。选中"中"层，绘制一个遮罩Mask 3，然后将3个遮罩的运算方式均设为Subtract（相减），这样将第3个折叠页分离出来，单独查看这个图层，如图5-5、图5-6所示。

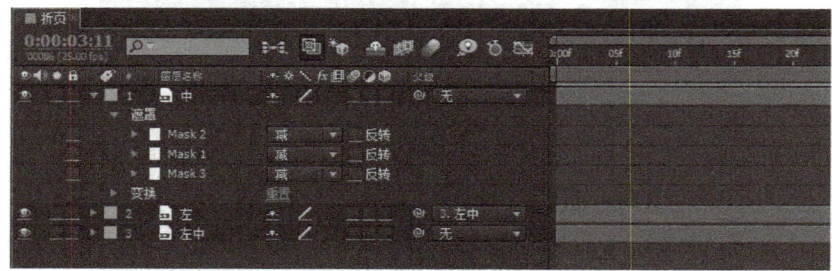

图 5-5

图 5-6

6）选中"中"层，按<Ctrl+D>组合键创建一个副本，然后按<Enter>键重新命名为"右"。

7）删除"右"层的Mask 1和Mask 2两个遮罩，将Mask 3的运算方式修改为相加，这样将第4个折叠页分离出来，单独查看这个图层，如图5-7所示。

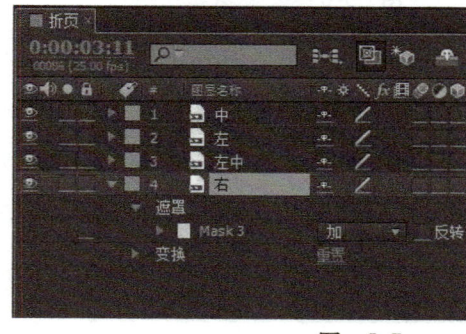 

图 5-7

2. 重设轴心点

1）依次对"右""左中"和"左"三个图层的轴心点进行重设。先单独显示"右"层，使用工具栏中的■工具，将"右"层在视图中原来居中的轴心点移至其图形左侧边缘，此时轴心点参数和位置参数的数值均发生变化，而图形在视图中的相对位置保持不变，如图5-8和图5-9所示。

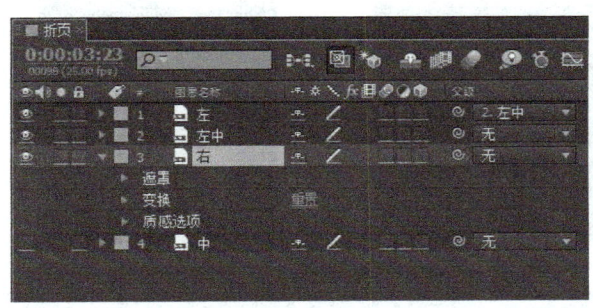

图 5-8　　　　　　　　　　图 5-9

> **小提示**
> 可以先将轴心点移到大致的位置，然后放大显示，更精确地移动轴心点。

2）单独显示"左中"层，使用工具栏中的■工具，将"左中"层的中心定位点移至其图形右侧边缘，如图5-10和图5-11所示。

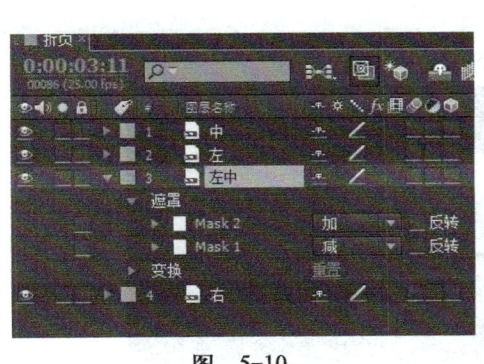

图 5-10　　　　　　　　　　图 5-11

3）单独显示"左"层，使用工具栏中的■工具，将"左"层在视图中原来居中的轴心点移至其图形右侧边缘，如图5-12和图5-13所示。

3. 制作翻页

1）打开各层的三维开关，并调整图层顺序，从上至下依次为"左""左中""右"

和"中"。

2）只显示"左中"和"中"两个层，并展开"左中"层的Y属性，将时间移至第2s 20帧处，单击打开Y轴旋转前面的码表，记录关键帧，当前数值为0°，然后将时间移至第2s，将数值设为-180°。这样从第2s至第2s 20帧之间产生一个展开页面的动画，如图5-14和图5-15所示。

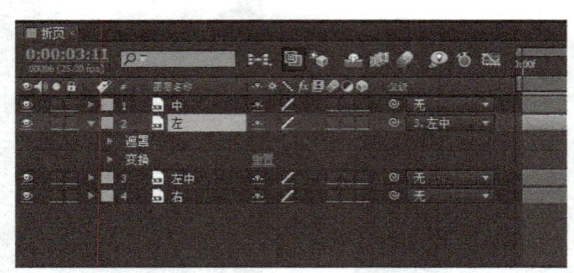

图 5-12

图 5-13

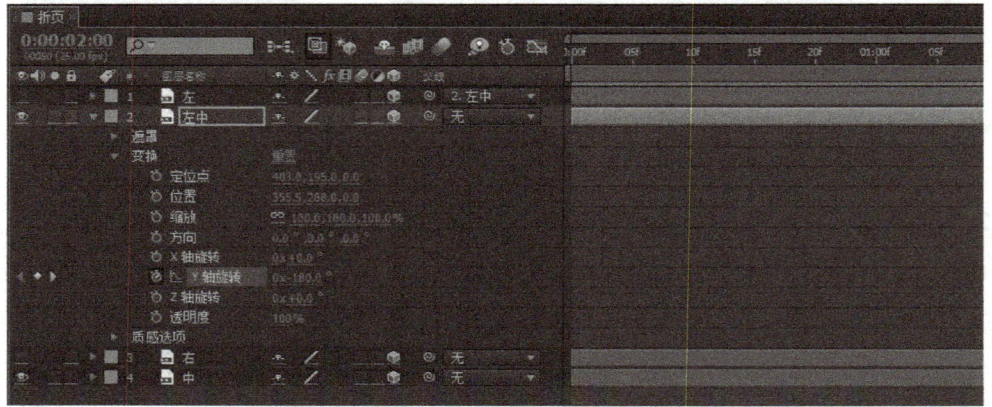

图 5-14

图 5-15

3）关闭"左"层，显示其他层，展开"右"层的Y属性，将时间移至第4s处。单击打开Y轴旋转前面的码表，记录关键帧，当前数值为0°。然后将时间移至第3s，将数值设为180°。这样从第3～4s之间产生展开页面的动画，如图5-16和图5-17所示。

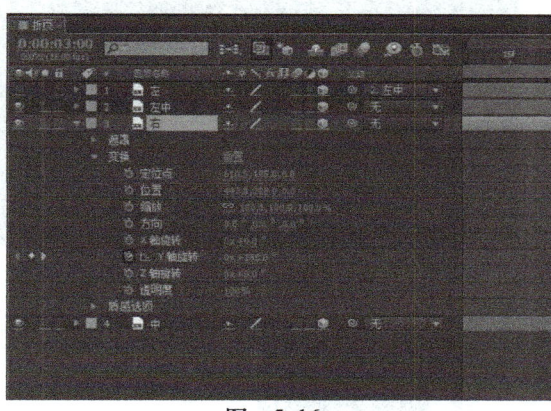 

图 5-16   图 5-17

4）显示所有层，在时间线中显示Parent栏，将时间移至第4s处，将"左"层的Parent栏设为"左中"。

5）展开"左"层的Y Rotation属性。将时间移至第4s处，单击打开Y Rotation前面的码表，记录关键帧。当前数值为0°，然后将时间移至第3s，将数值设为-180°。这样从第3～4s之间产生展开页面的动画，如图5-18和图5-19所示。

图 5-18

图 5-19

6）将时间移至时间线开始处，可以看到出现"左"层图像遮挡住"左中"层图像的穿帮现象，如图5-20～图5-22所示。

图 5-20

图 5-21

图 5-22

7）展开"左"层的Position（位置），将其Z轴向默认的0修改为-1，使其比"左中"层略微靠后，这样解决遮挡的现象。此外，因为"左中"是"左"层的父级层，在"左中"层旋转180°之后，"左"层又旋转到"左中"层之上，这样符合翻页的实际效果，如图5-23～图5-25所示。

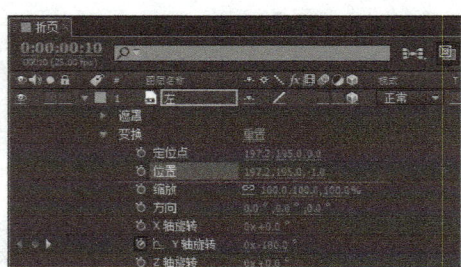
图 5-23

图 5-24

图 5-25

8）建立"翻页效果"合成。选择"菜单"→"合成"→"新合成"命令，打开"图像合成设置"对话框。在其中设置如下：合成组名称为"翻页效果"，其他设置如图5-26所示，然后按<Enter>键。

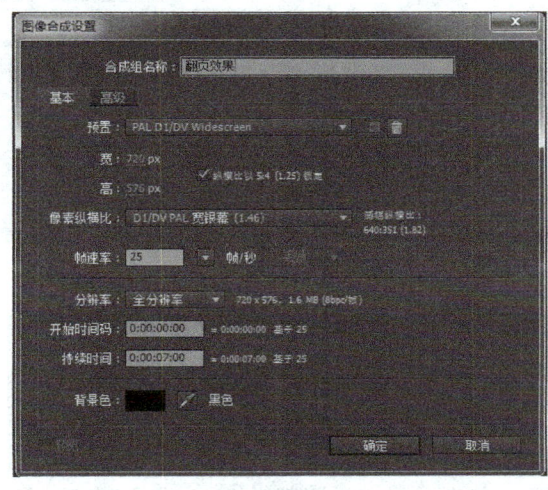

图 5-26

4. 设置翻页效果

1）从Project面板中将"书册.png""背景．png"和"书册捆.png"拖至时间线中，按从上至下的顺序放置。

2）暂时关闭"书册.png"的显示。展开底层"书册捆.png"的缩放，在第0帧时设置为200%，并单击打开缩放前面的码表，记录关键帧，如图5-27和图5-28所示。

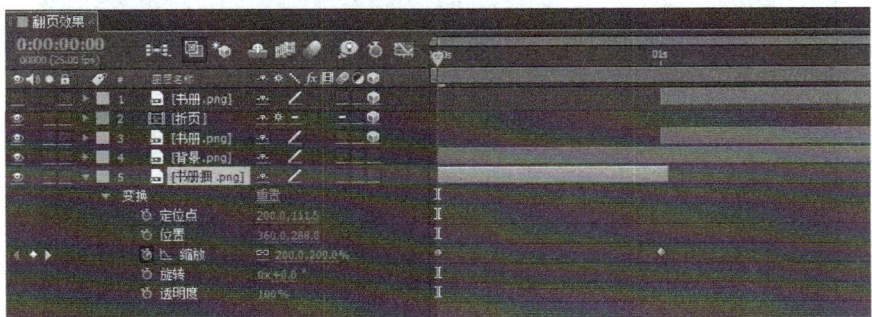

图 5-27

图 5-28

3）将时间移至第1s处，将缩放设为（20，20%），如图5-29和图5-30所示，并按<Alt+]>组合键剪切出点。

图 5-29

图 5-30

4）显示"书册.png"层，将其入点移至第1s处，展开缩放，将其第1s处的数值设为（10，10%），并单击打开缩放前面的码表，记录关键帧，如图5-31和图5-32所示。

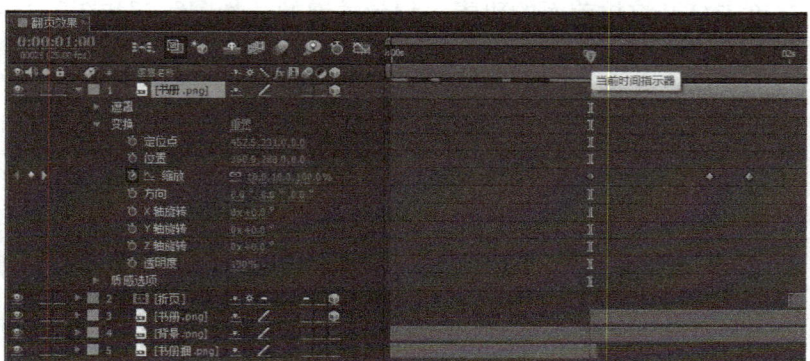

图 5-31

图 5-32

5）将时间移至第1s 15帧处，将缩放设为（110，110%）。将时间移至第1s 20帧处，设置图片缩放为（100，100%），如图5-33和图5-34所示。

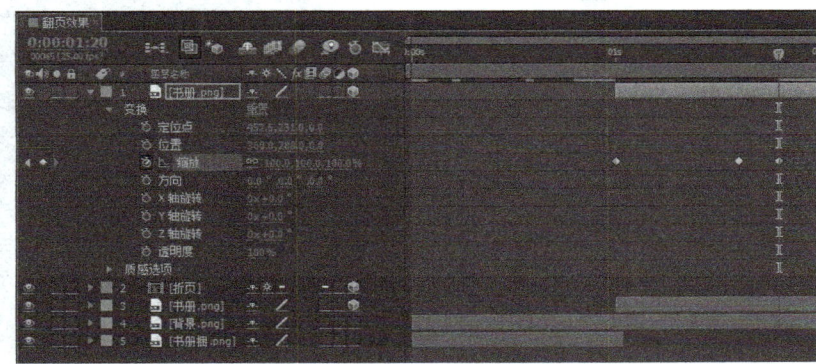

图 5-33

图 5-34

6）从Project面板中将"折页"拖至时间线中，入点移至第2s处。

7）选中"书册.png，"层，按<Ctrl+D>组合键复制一份，然后将"折页"层放在两个"书册.Png"层之间。使用工具栏中的■工具，在上面的"书册.png"层上绘制遮罩，制作"折页"夹在书页中的效果，如图5-35和图5-36所示。

8）为"折页"制作一个从书中移出的动画。将两个"书册.png"和"折页.png"层的三维开关打开，将下面的"书册.png"的位置的Z轴方向的数值设为2。在第2s处设置"折页"层的位置为（286，288，1），Z轴旋转设为-8°，将其"藏至"书页内，如图5-37和图5-38所示。

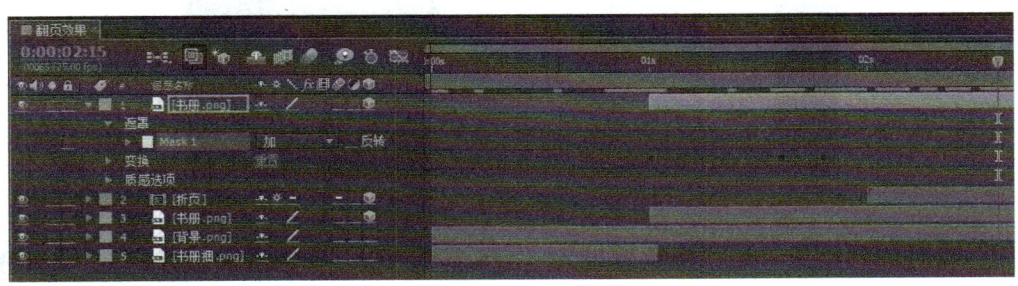

图 5-35

图 5-36

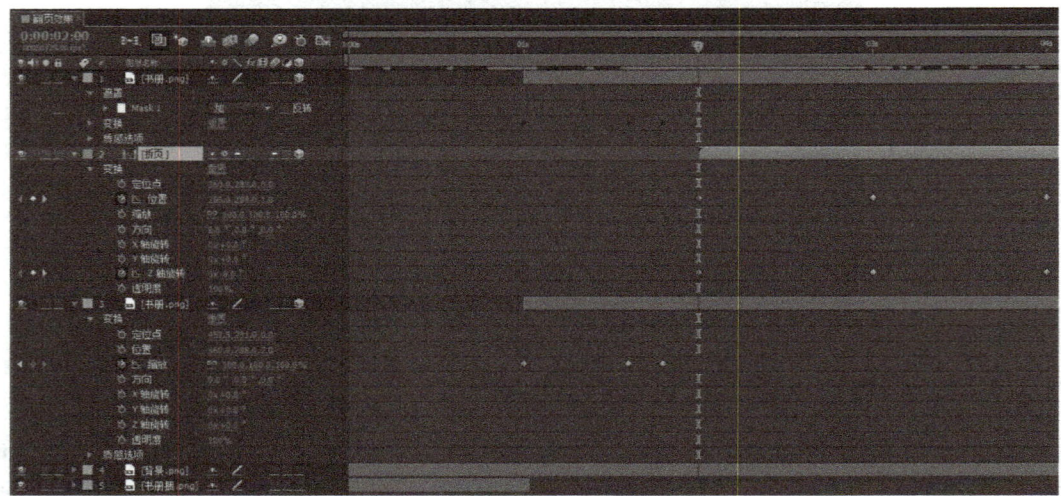

图 5-37

图 5-38

9) 将时间移至第3s处,将位置设为(476.288,0),Z轴旋转设为8°,将其移出书页至右侧,如图5-39和图5-40所示。

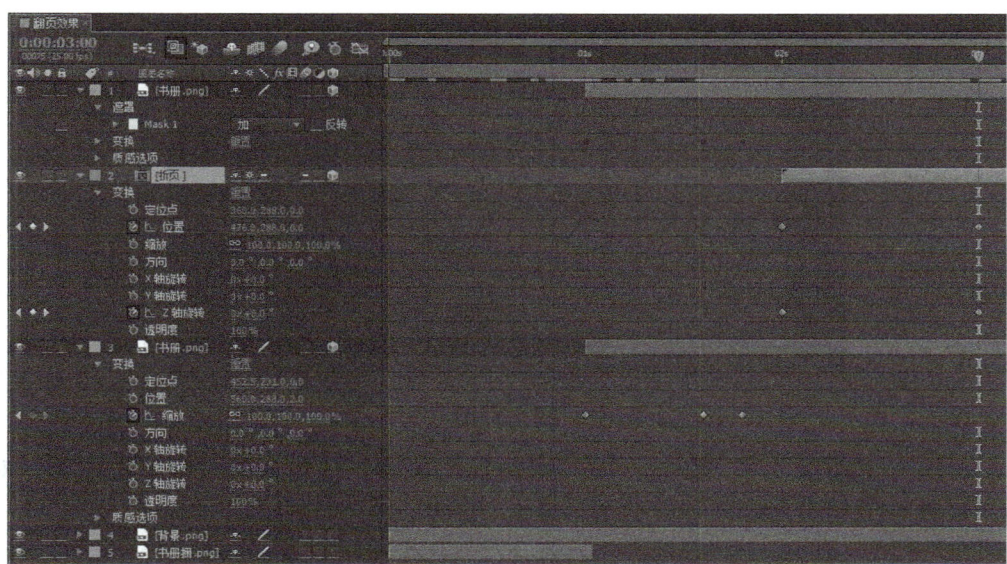

图 5-39

图 5-40

10)将时间移至第4s处,将位置设为(360,288,-1),Z轴旋转设为0°,将其移至中部的"书册.png"图像之上,如图5-41和图5-42所示。

图 5-41

图 5-42

11）选择"图层"→"新建"→"摄像机"命令，在打开的"摄像机设置"对话框中，设置参数如图5-43所示。单击"确定"按钮，建立摄像机"Camera 1"。

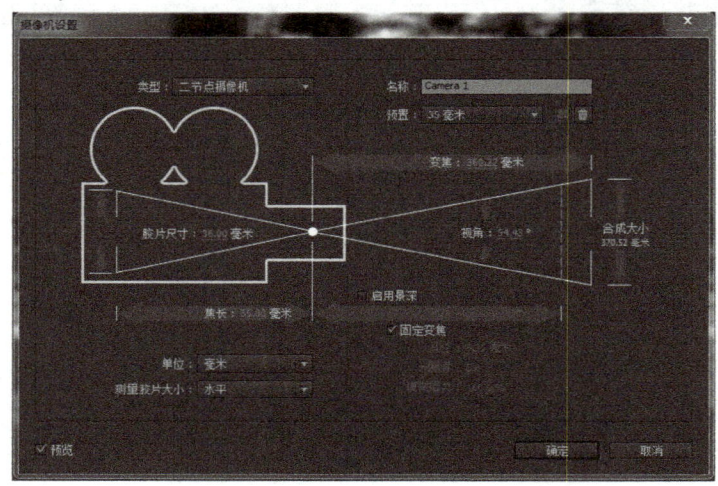

图 5-43

12）在时间线中将摄像机1的位置的Z轴方向的数值增大为-1200，即拉远与素材层的距离，此时只有打开三维开关的图层画面变小，而"背景.png"大小不变，如图5-44和图5-45所示。

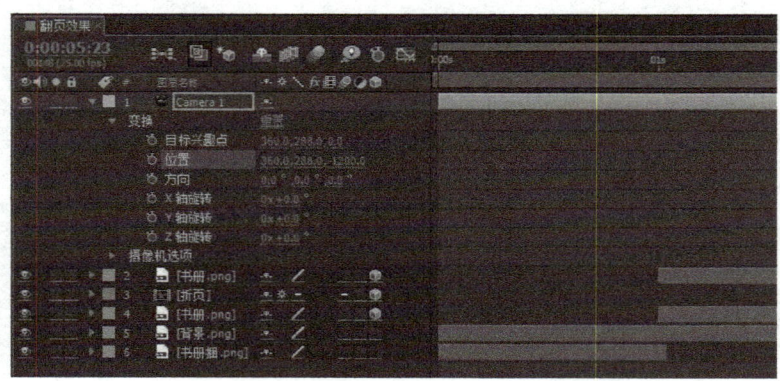

图 5-44

13）建立灯光为"折页"添加投影效果。选择菜单中的"图层"→"新建"→"照明"命令，在打开的"照明设置"对话框中，将"照明类型"设为"平行光"，并选中"投射阴影"复选框，如图5-46所示。

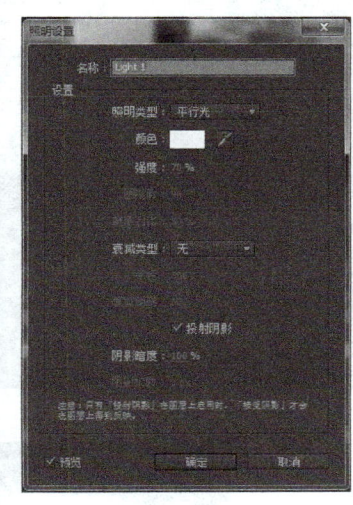

图 5-45　　　　　　　　　　图 5-46

14）在时间线中将照明1的"目标兴趣点"设为（360，288，0），"位置"设为（403.8，150，-364.7）；在合成视图的下部选择自定义视图1，使用自定义视图可以更清晰地观察灯光与素材层的关系，如图5-47和图5-48所示。

图 5-47

图 5-48

15）将"折页"层的矢量开关 打开，此时校正三维图层的动画效果，如图5-49和图5-50所示。

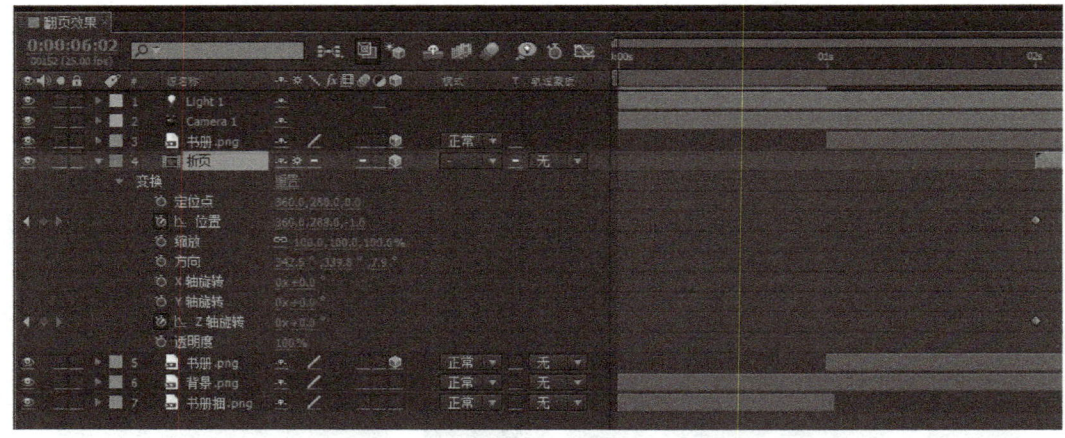

图 5-49

图 5-50

16）此时"折页"层并没有产生投影效果，可以双击"折页"层，切换到其时间线中，将其中各层质感选项下的投射阴影均设为打开。再切换回"翻页效果"时间线，查看效果，"折页"显示出投影效果，如图5-51～图5-53所示。

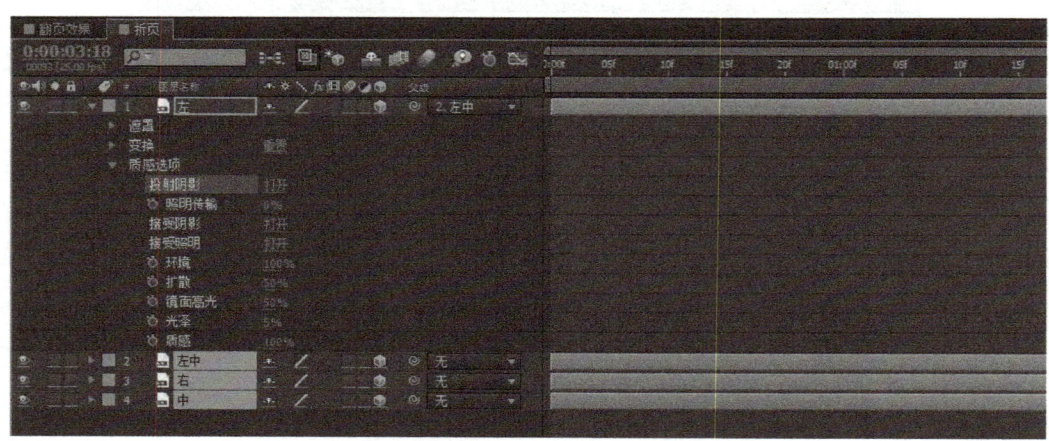

图 5-51

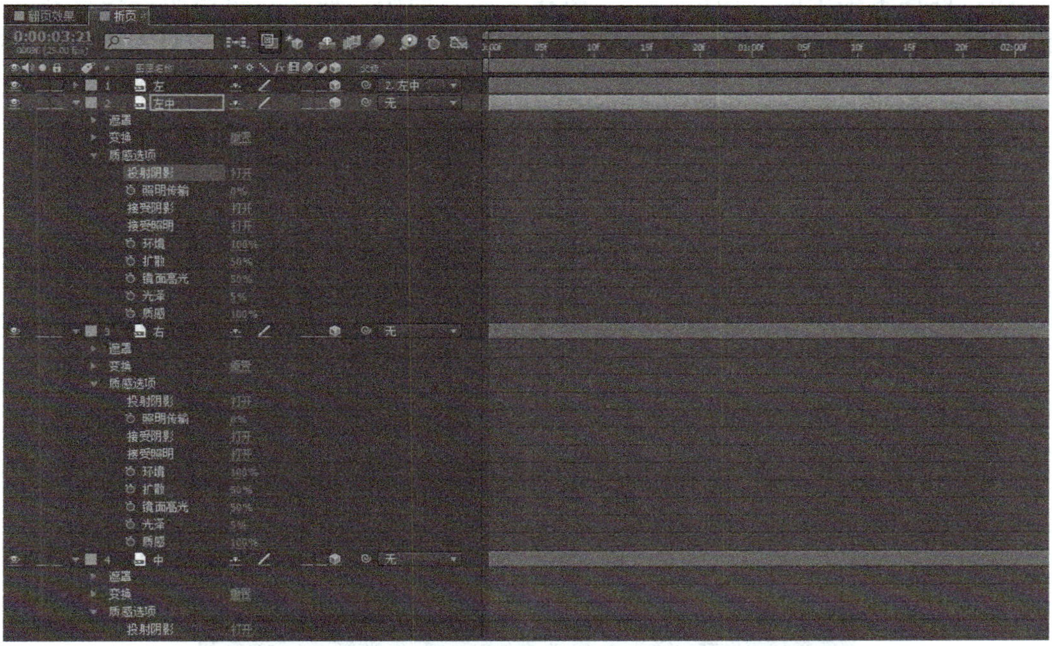

图 5-52

图 5-53

17）在合成视图下方将视角切换回当前摄像机，以当前建立的摄像机视角来观察，可以看到一盏灯光的照明效果有局限，背光处过暗，如图5-54所示。

图 5-54

18）选择菜单中的"图层"→"新建"→"照明"命令，将照明选项设为环境光。当两盏灯光同时照明时，场景的光线会过强，需要分别降低两盏灯光的强度，将"照明1"的强度设为70%，将"照明2"的强度设为33%，如图5-55和图5-56所示。

图 5-55

图 5-56

至此，本任务的制作完成。

任务2　制作"灵韵苏杭"城市形象片

任务分析

本任务将风景图片处理成水墨中国画的效果将其合成到宣纸上，并合成文字，添加雾效，运用了Fractal Noise、Hue/Saturation、Levels等特效制作水墨效果。

任务实拖

1. 导入素材

在新的项目面板中导入准备制作的素材。在项目面板中的空白处双击鼠标左键，打开"导入文件"对话框，从中选择本任务中所准备的图片素材"苏杭.jpg"

和"宣纸纹理.jpg",单击"打开"按钮,将其导入Project面板中,如图5-57～图5-59所示。

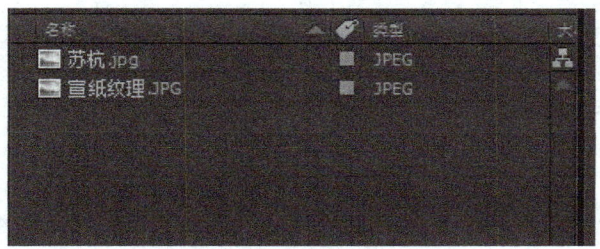

图 5-57

图 5-58

图 5-59

2. 建立"水墨调色"合成

1)选择菜单中的"合成"→"新建合成"命令(快捷键为<Ctrl+N>),打开"合成面板"对话框,从中设置如下:"合成组名称"为"水墨调色","预置"为"PAL D1/DV","持续时间"为5s。然后单击"确定"按钮,如图5-60所示。

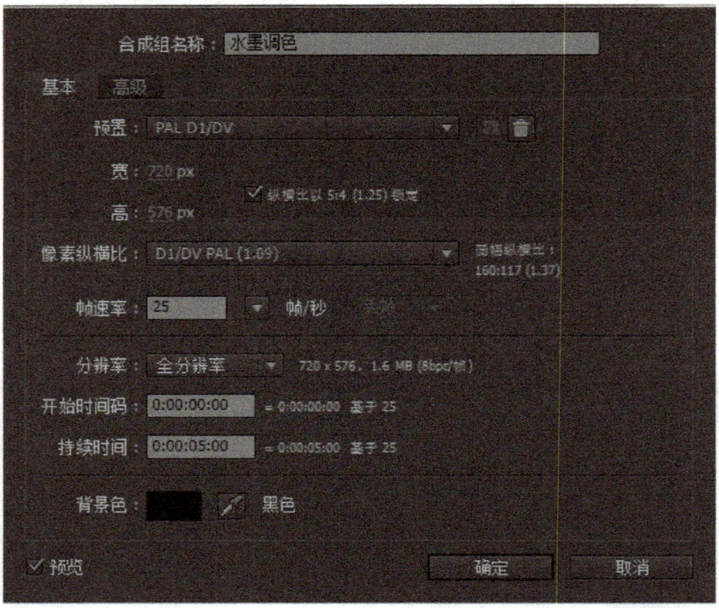

图 5-60

2）从项目面板中将"苏杭.jpg"拖至时间线，将其缩放修改至76%，选择菜单中的"特效"→"风格化"→"查找边缘"命令，设置特效与原始图像混合为11%，如图5-61～图5-63所示。

图 5-61　　　　　　　　　　　　　图 5-62

图 5-63

3）选择菜单中的"特效"→"色彩校正"→"色相饱和度"命令，在特效下将"彩色化"勾选，这样将画面中跳线边缘的色彩转换为灰色，如图5-64和图5-65所示。

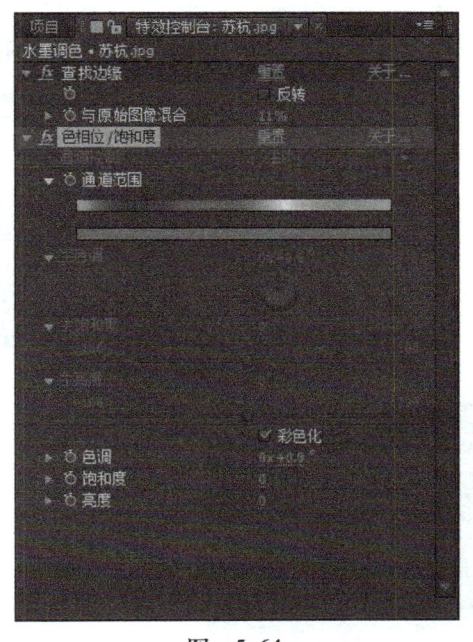

图 5-64

图 5-65

4）选择菜单中的"特效"→"色彩校正"→"色阶"命令，在特效下将白平衡设为225，"Gamma"设为2.8，调节画面的色阶，如图5-66和图5-67所示。

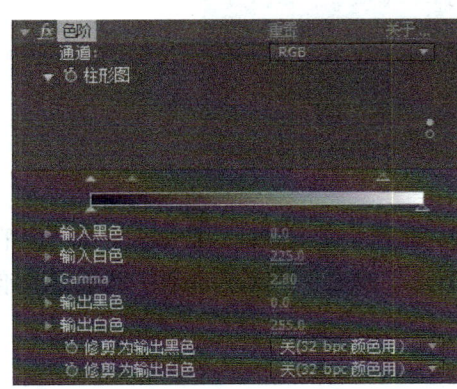

图 5-66

图 5-67

5）选中"苏杭.jpg"图层，按<Ctrl+D>组合键创建一个副本。将上一层的模式设为正片叠加方式。

6）选中下一图层，选择菜单中的"特效"→"模糊&锐化"→"高斯模糊"命令，在特效下将模糊量设为20，如图5-68和图5-69所示。

3．建立"水墨效果"合成

1）选择菜单中的"合成"→"新建合成"命令（快捷键为<Ctrl+N>），打开"合成面板"对话框，从中设置如下："合成组名称"为"水墨效果"，"预置"为

"PAL D1/DV"，"持续时间"为5s。然后单击"确定"按钮，如图5-70所示。

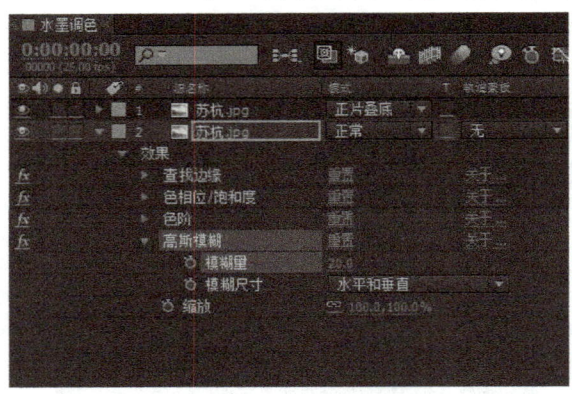

图 5-68　　　　　　　　　　　　　图 5-69

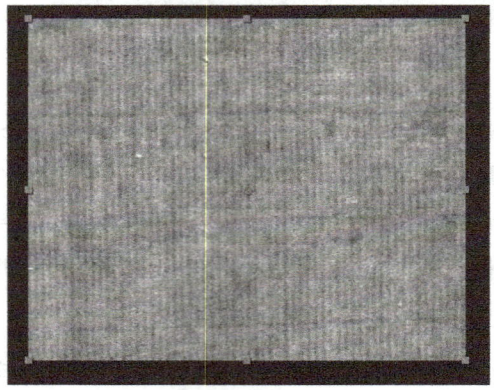

图 5-70

2）从P面板中将"宣纸纹理.jpg"拖至时间线中，选择"特效"→"色彩校正"→"曲线"命令，在曲线的中部添加一个调节点，向右下方稍作偏移，使宣纸略偏黄色，如图5-71和图5-72所示。

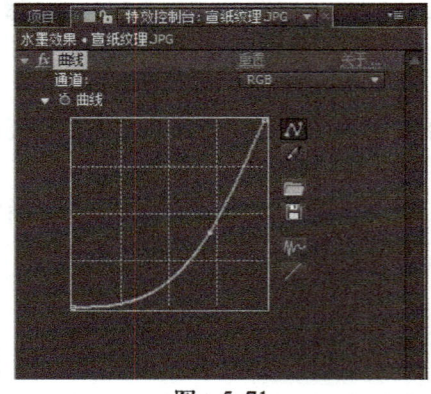

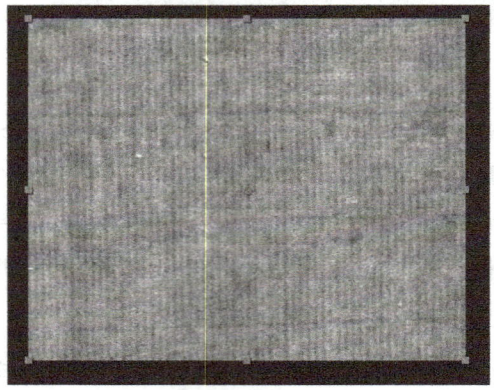

图 5-71　　　　　　　　　　　　　图 5-72

3）从P面板中将"水墨调色"拖至时间线中，设置模式为"正片叠底"方式，并设置第0帧时"位置"为（485，188）、"缩放"为（135，135%），第4s 24帧时位置为（360，288）、缩放为（102，102%），如图5-73所示。这样制作一个运动的画面效果。

图 5-73

4）在画面的左下部分添加字幕，其中"苏"字的字体为黄草体，尺寸为150；"杭"字的字体为黄草体，尺寸为120；"灵韵"的字体为经典粗宋简，尺寸为57；"山明水秀"的字体为经典粗宋简，尺寸为28；PICTURESQUE的字体为Trajan Pro，尺寸为30；SUHANG的字体为Trajan Pro，尺寸为42，如图5-74和图5-75所示。

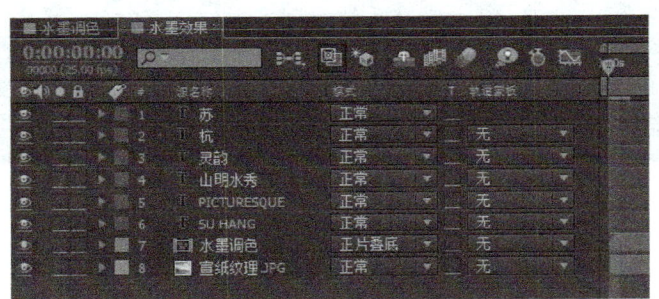

图 5-74

图 5-75

5）为文字设置淡入效果，先选中"江"文字层，设置第0帧的不透明度为0%、第2s为100%。选中这两个关键帧，按<Ctrl+C>组合键复制再选中其他文字层，按<Ctrl+V>组合键粘贴，这样各层文字均设置了淡入效果，如图5-76所示。

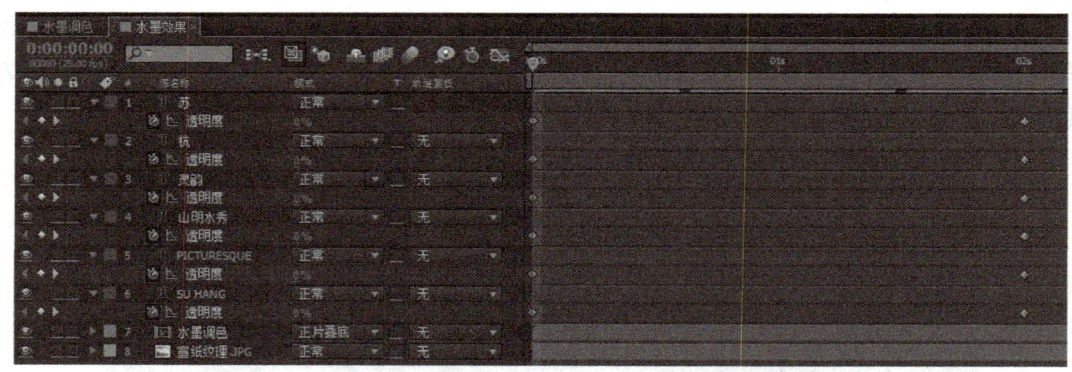

图 5-76

6）调整各个文字层的入点，先将时间移至第1s处，配合<Shift>键将"山明水秀"文字层向后移至入点与第1s对齐。用同样的方式移动其他文字层，使各个文字逐一淡入画面，如图5-77和图5-78所示。

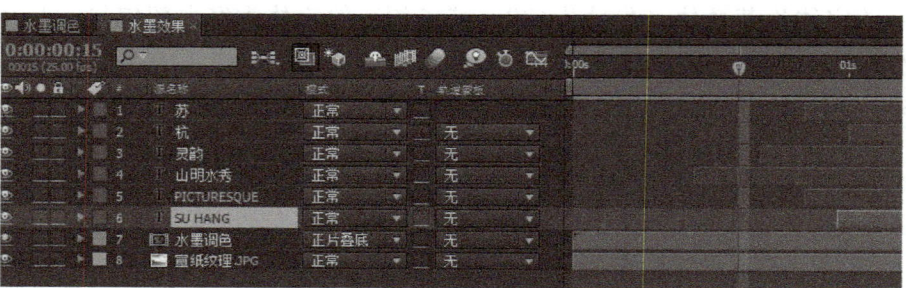

图 5-77

图 5-78

7）选择菜单中的"图层"→"新建"→"固态层"命令，新建一个实体层，命名为"雾"，将模式设为"屏幕"方式；选择菜单中的"特效"→"噪波&颗粒"命令，并设置如下。

① "分形类型"为"动态（扭曲）"，"亮度"为15，"溢出"为"修剪"，"复杂性"为3，"演变"的第0帧为0°、第4s 24帧为90°。

② 在变换下，"旋转"的第0帧为0°、第4s 24帧为20°，统一比例为关，比例宽

度为400，比例高度为200，乱流偏移为（300，-400）。

③ 在附加设置下，设置附加旋转的第0帧为0°、第4s 24帧为-20°。

这样便完成了本任务的制作，如图5-79和图5-80所示。

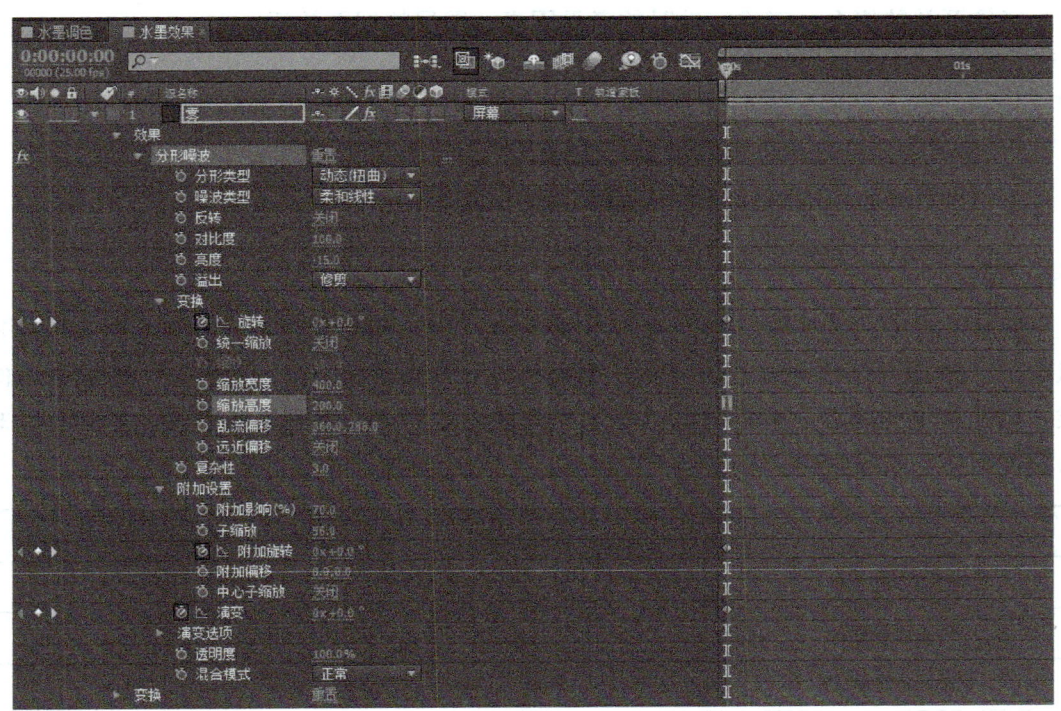

图 5-79

图 5-80

项目审核和交接

1) 本项目的两个任务由小组成员完成后，交由主管审核。

2) 经过主管审核后，需修改的部分进行首次修改。

3) 展示给小范围内观众，根据观众的意见，小组成员进行二次修改。

4）一般经过2、3次的修改后，最终完成项目的审核和交接。

知识归纳

三维开关的概念，三维旋转时的考量因素，图层的层叠关系。

项目拓展

1）尝试使用分形噪波制作抽烟时的烟雾效果。
2）利用中间值及查找边缘等特效制作国画效果。

项目评价

在本项目中，主要学习有关After Effects中3D图层的操作以及水墨风格作品的设计思路，二者是可以结合起来运用的。书本的折页效果是比较常见的特效，在制作的时候一定要理清楚图层之间的关系；而水墨的效果主要考验拆画面的能力。本项目的难易程度适中，也适合举一反三。

《制作城市形象片》	很满意	较满意	有待改进	不满意
项目设计的评价				
项目的完成情况				
知识点的掌握情况				
与本组成员协作情况				
栏目主管对项目的评价				
自我小结				

项目9　对城市形象进行整体包装

项目描述

本项目是做一个"珠海渔女"的城市形象宣传版头，整个版头片长15s，共分为两个画面，第一个是由地球太空放大到珠海香炉湾的画面，第二个是珠海渔女倒影的画面。

本项目共分为两个具体的任务：
任务1：制作"珠海渔女"缩放效果；
任务2：制作"珠海渔女"倒影效果。

任务1 制作"珠海渔女"缩放效果

任务分析

本任务制作一个类似"推拉镜头"的画面内容缩放效果,只不过这个"推拉"的距离显得过于超长而已。虽然这是一个很酷的例子,但是在制作时需要讲究点方法,最终的效果是从太空放大到地面。只是在制作时,为了方便起见,一般都是反着做,即镜头从地面的"珠海渔女"开始,向上升至天空,再穿过云雾直至太空,将整个地球尽收眼底,最后在序列里面进行反向播放,就得到所需要的效果。

任务实拖

1. 新建项目

启动After Effects软件进入其操作界面后,会自动处于空白的新项目状态下。如果在打开已有项目的状态下,可以选择菜单中的"新建"→"新建项目"命令(快捷方式为<Ctrl+Alt+N>)来新建项目,建立合成后要保存一次,保存的名字和路径自定。

2. 调用素材到项目面板

在项目面板中的空白处双击鼠标左键,打开"导入文件"对话框,从中选择本任务中所准备的图片和音频素材文件,将其全部选中,单击"打开"按钮,将其导入到项目面板中,如图5-81所示。

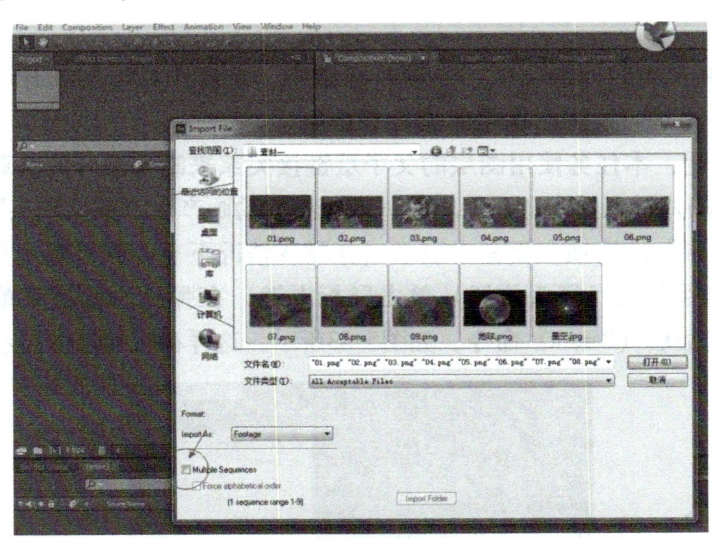

图 5-81

> **小提示**
>
> 这里需要注意的是导入的时候序列图片属性不可勾选,如果勾选了,则变成导入序列图片了。

3. 新建合成

1)选择菜单中的"合成"→"新建合成"命令(快捷键为<Ctrl+N>组合键),打开"合成设置"对话框，从中设置如下：合成名称为"地球缩放"，预置为"PAL D1/DV Widescreen Square Pixel"，持续时间为8s，如图5-82所示。

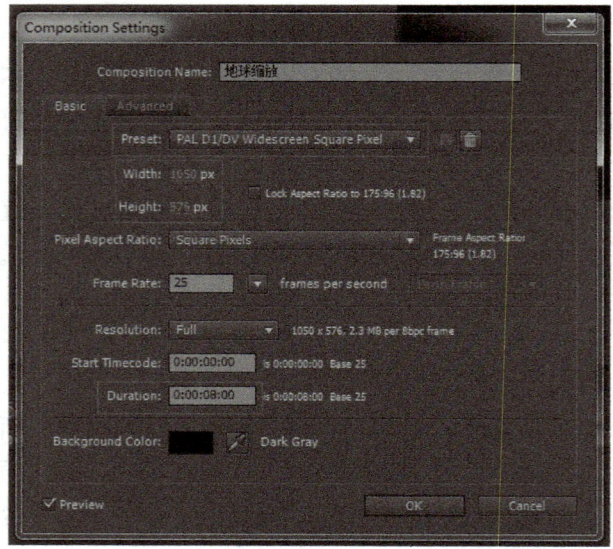

图 5-82

> 🔍 **小提示**
>
> 因为宣传片一般是宽屏，所以在建立合成时一般不会用4:3的标清屏幕，而会选用16:9的宽屏幕。

2）将素材放置到时间线面板，从项目面板中，选择图片01与图片02，将其拖至合成"珠海渔女"的时间线中，保持01图片在图02上。

这里重点说明：本任务使用图层的父子层链接关系来制作图片的关联动画，使用羽化的遮罩将一个图片融入另一个图片之中，设置缩放动画产生"推拉镜头"的效果。所以首先要让"父子层"的选项在面板中显示（在默认情况下有的软件版本是不显示的），在时间面板的属性条处（箭头位置）单击鼠标右键，在弹出的快捷菜单中选择"栏目（Columns）→父级层（Parent）命令，如图5-83所示，这样在时间线中显示出父级层栏。

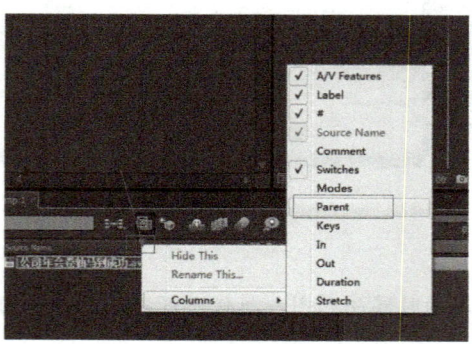

图 5-83

3）查看和分析图片01和图片02素材，可以看出图片1是图片2中的一部分，依次类推，前一个图片均为后一个图片的局部放大画面。这里准备对每个图片中的相同部分进行对齐，先挑选出其中共同的一点，将其放置在视图的中心，以方便制作。

4）选择图片1图层，从工具栏中选择"中心点工具" ，将画面中原来的轴心点移至画面中的一个明显位置处，这里选择渔女的顶点处，如图5-84所示。

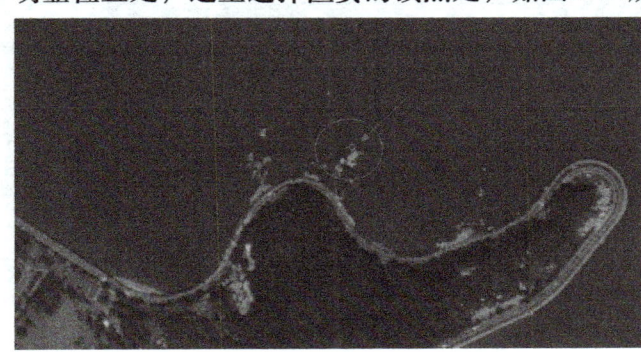

图 5-84

5）此时图片1图层的轴心点数值为（828，326）。相应地，位置的数值也自动发生变化，这里需要将其重新设为（525，288）。这样可以保证渔女的位置移至视图的中心处。

6）比较图片1和图片2，因为图片1为图片2中的一部分，将图片1缩小至适合的大小，然后移动图片2图像的位置，将图片2图像相同的部分与图片1重合，如图5-85所示。黄色框为图片1的大小范围，为了使对接完美，可以调节图片1的透明度为60%，同时将图片2图像的轴心点移至视图中心（这个步骤非常重要）。

这里操作结果为：图片1图层的比例为（25，25%），图片2图层的轴心点为（766，407），位置为（429，366）。

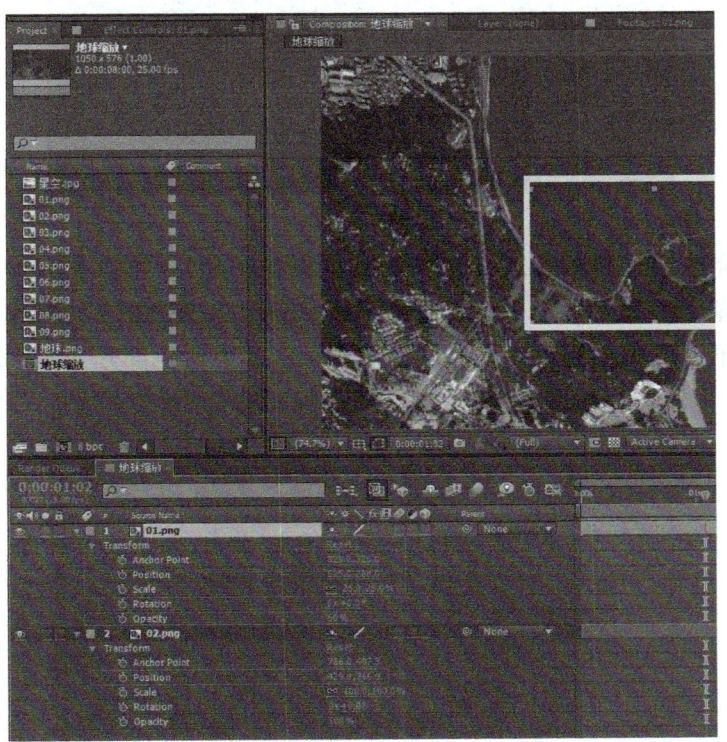

图 5-85

等这些参数设置完毕后，将图片1图层的父级层栏设为图片2，这样图片2在接下来的缩放变化会随图片1一起变化，图片1的大小和位置将与图片2保持相对一致，如图5-86所示。

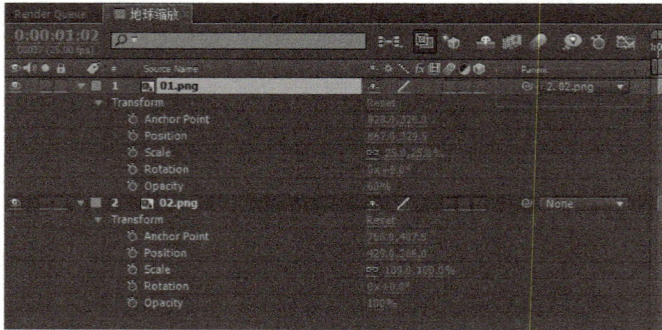

图 5-86

7）比较图片2和图片3，将图片2缩小；移动图片3图像，使两图相同的部分重合，同时将图片3图像的中心定位点移动至视图中心。这里的操作结果为图片2的scale比例为（23，23%），图片3图层的定位点为（760，410），位置为（465，406），参数如图5-87所示。这里需要注意的是为了使图片02和图片03重合比较好，有的时候会将大景别的图片（这里是图片3）适当放大或者缩小。

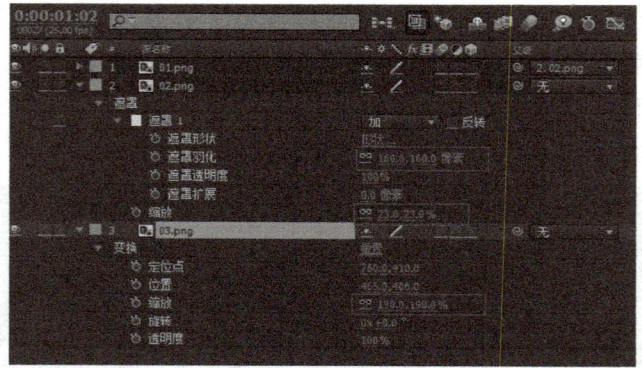

图 5-87

参数设置完毕后，将图片2图层的Parent栏设为图片3。可以在图片2图像上绘制一个椭圆形的遮罩，并设置遮罩羽化值为（160，160），使图片2与图片3图像能更好地融合到一起而不出现明显的边缘，如图5-88所示，其中黄色部分为图片2的大小。

图 5-88

往后的步骤基本上就是重复以上的步骤了，但是要注意的两点是：

① 两张图对齐，将景别小的那张图的父级指向为景别大的那张图之后，小景别的图片就不能再次移动和缩放了，否则会影响对齐效果，只能通过它的父级来控制子级的缩放和位移。

② 在一个步骤做完之后必须将父级图层的定位点调节到渔女缩放的中心位置，因为缩放是由定位点来控制缩放中心的，缩放中心不对齐会导致缩放效果变形。

8）比较图片3和图片4，将图片3的缩放设置为（51，51%），将图片4图层的轴心点设为（752，384），位置设为（517，304）。参数设置完毕后，将图片3图层的父级层栏设为图片4。在图片3图像上绘制一个椭圆形的遮罩，并设置遮罩羽化值为（300，300），如图5-89和图5-90所示。

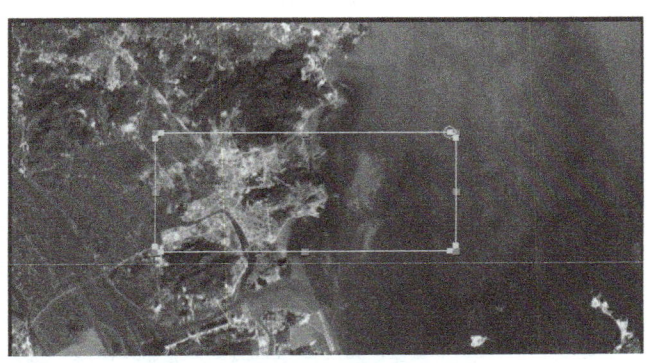

图 5-89

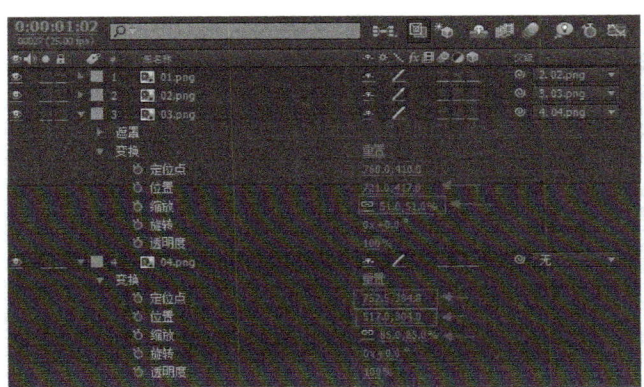

图 5-90

9）比较图片4和图片5，将图片4的缩放设为（25，25%），将图片5图层的轴心点设为（908，624），位置设为（360，288）。参数设置完毕后，将图片4图层的父级层栏设为图片5。在图片4图像上绘制一个椭圆形的遮罩，并设置遮罩羽化值为（300，300），如图5-91所示。

10）比较图片5和图片6，将图片5的缩放为（45，45%），将图片6图层的轴心点设为（789，445），位置设为（525，288）。参数设置完毕后，将图片5图层的父级层栏设为图片6。在图片4图像上绘制一个椭圆形的遮罩，并设置遮罩羽化值为（300，300），如图5-92和图5-93所示。

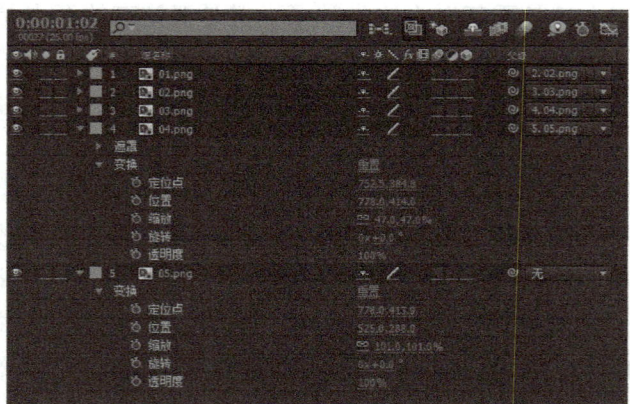

图 5-91

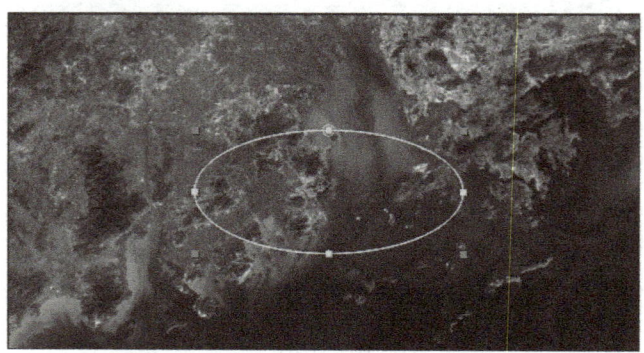

图 5-92

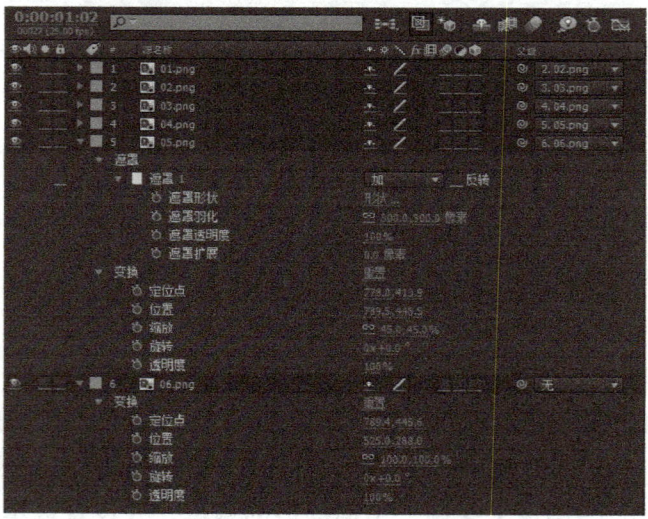

图 5-93

11）比较图片6和图片7，将图片6的缩放设置为（25，25%），将图片7图层的轴心点设为（908，624），位置设置为（360，288）。参数设置完毕后，将图片6图层的父级层栏设为图片7。在图片4图像上绘制一个椭圆形的遮罩，并设置Mask遮罩羽化值为（300，300），如图5-94所示。

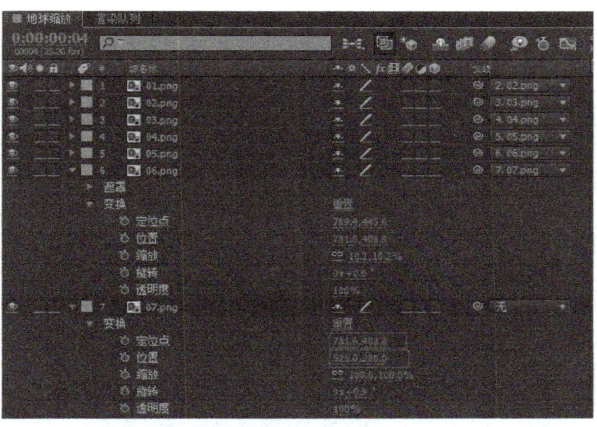

图 5-94

12）比较图片7和图片8，将图片7的S缩放设置为（38，38%），将图片8图层的轴心点设为（796，414），位置设置为（525，288）。参数设置完毕后，将图片7图层的父级层栏设为图片8。在图片7图像上绘制一个椭圆形（或者矩形）的遮罩，并设置遮罩羽化值为（300，300），如图5-95和图5-96所示。

图 5-95

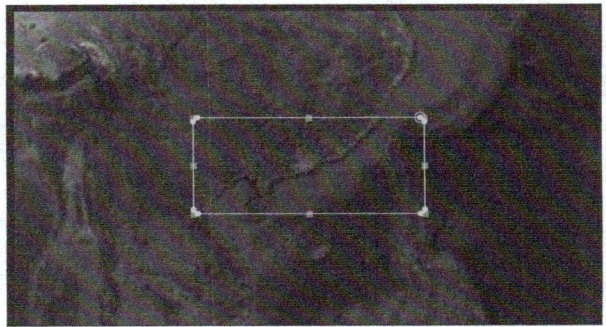

图 5-96

13）比较图片8和图片"地球"，将图片8的缩放设为（25，25%），将图片"地球"图层的轴心点设为（908，624），位置设置为（360，288）。参数设置完毕后，将图片8图层的父级层栏设为图片"地球"。在图片8图像上绘制一个椭圆形的遮罩，并设置遮罩羽化值为（300，300），如图5-97和图5-98所示。

在调节父级的定位点的时候，必须将父级的缩放调整为大的数值，并对照之前的图层来调整定位点的位置，如图5-99所示。定位点必然在子级的方框中，这是一个不断调整的过程，希望读者有点耐心，父级图层放大的数值可能很大（几千几万）。

图 5-97

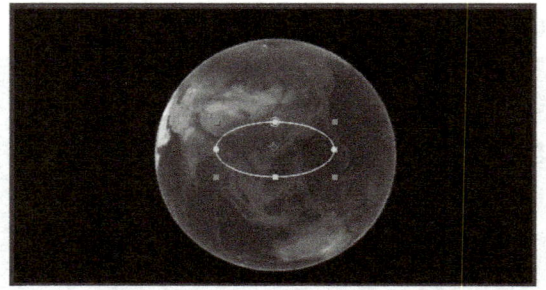

图 5-98

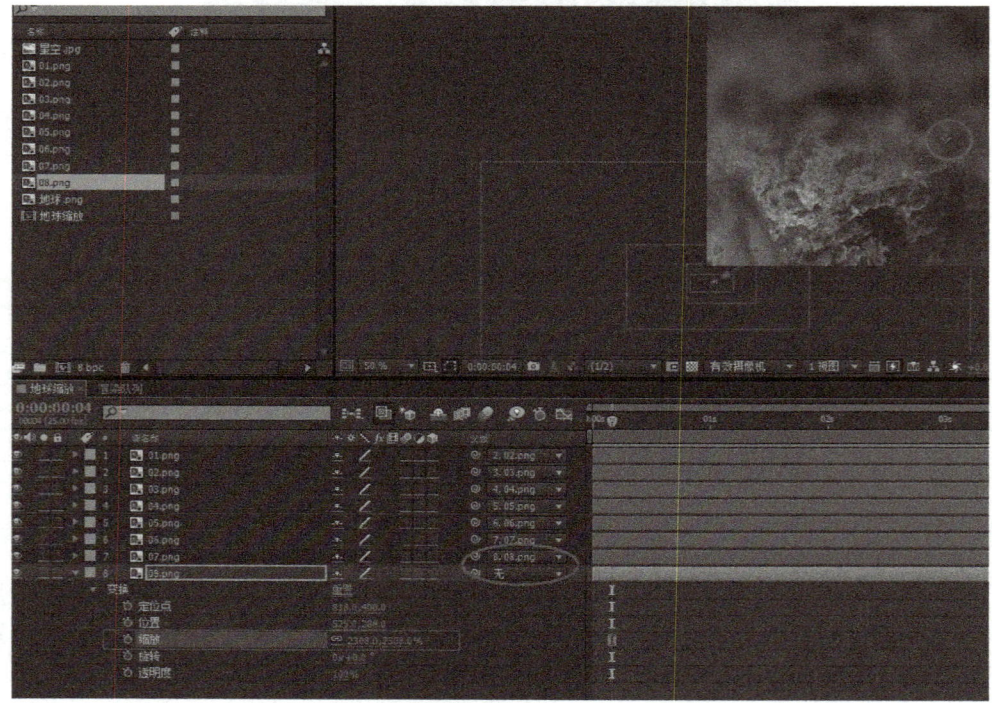

图 5-99

14）将"星空"图片加入到合成之中，对地球进行抠像，选择"效果"→"键控"→"颜色建"命令，选取地球旁边的黑色，将其抠掉，效果如图5-100和图5-101所示。

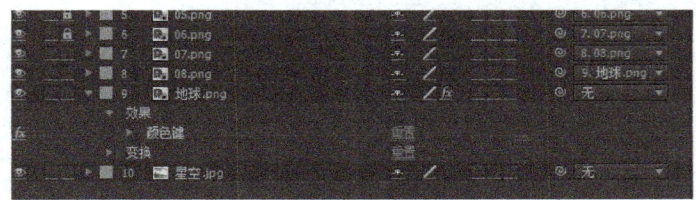

图 5-100

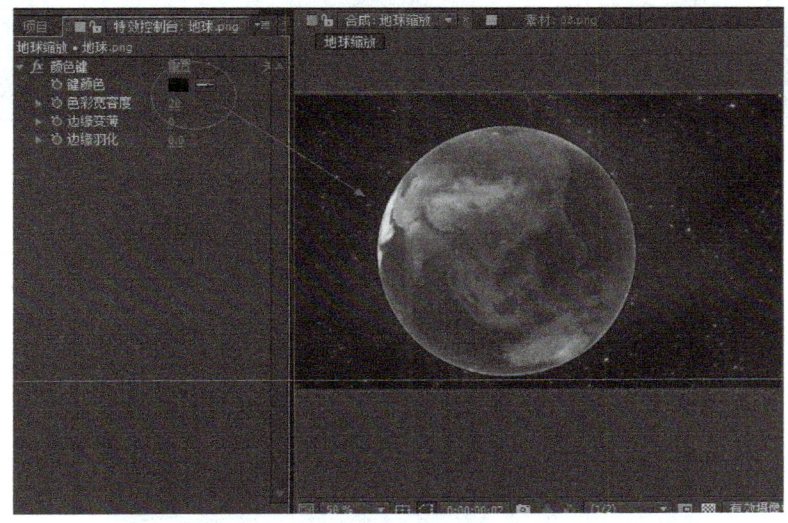

图 5-101

15）制作地球的缩放效果，打开"地球"图层的属性，对缩放属性做关键帧动画，在1s时缩放为70%，7s时为2000000%，如图5-102所示。

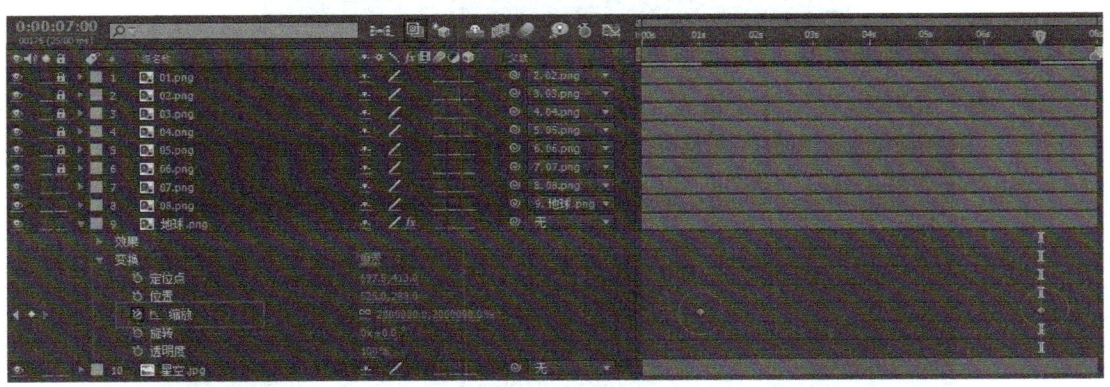

图 5-102

16）单击时间轴上的 ![] 按钮，调节缩放的曲线，因为现在的缩放是线性的，不均匀。单击缩放属性，激活曲线编辑面板（如图变白色），单击右下方的曲线调节 ![]，将控制手柄调成如图5-103所示的状态，使得缩放均匀。

17）选择"新建"→"新建项目"命令（快捷方式为<Ctrl+Alt+N>），打开"图像合成设置"窗口，合成组命名为"缩放合成"，设置如图5-104所示。

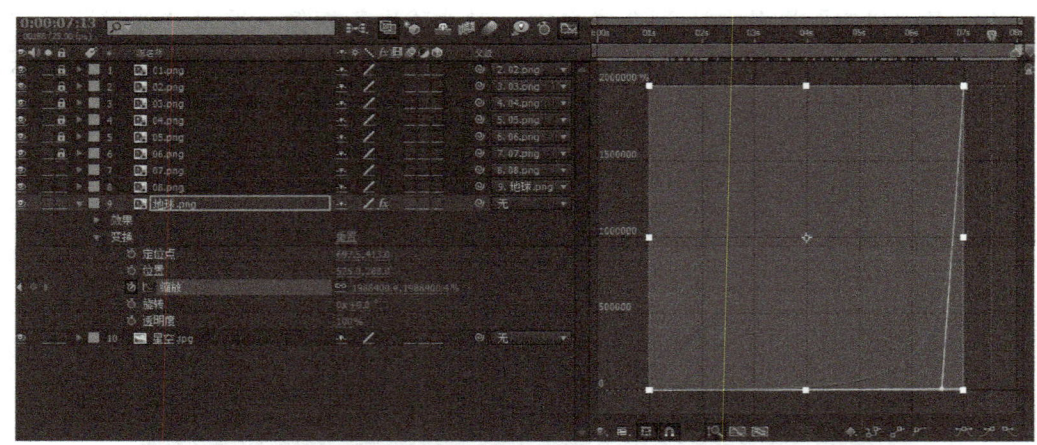

图 5-103

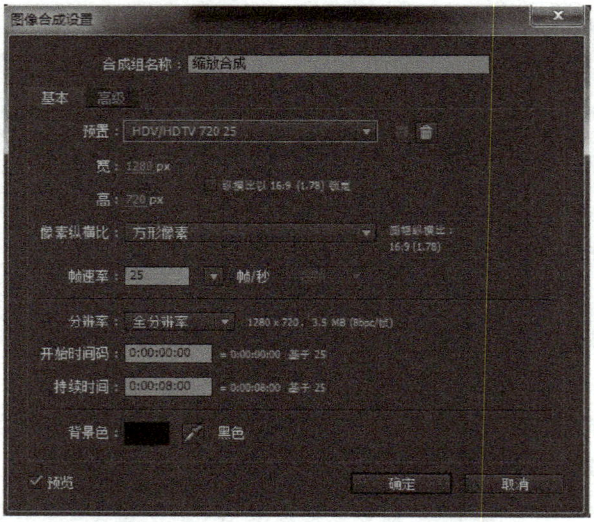

图 5-104

18) 将"地球缩放"合成放入"缩放合成"中,如图5-105所示。

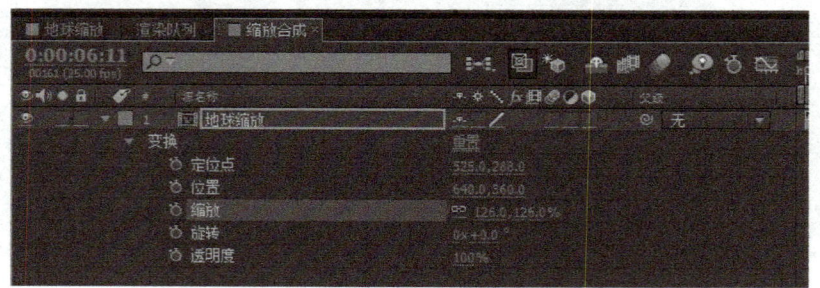

图 5-105

因为要做的效果是从太空到地面的柔和缩放,所以在这里还需要对合成进一步调整,因为缩放的前面有些快,而后面又太慢了。选择"图层"→"时间"→"启动时间重置"命令,调用时间重置设置,会发现在合成的前后已经自动生成了两个关键帧,在时间点1s 00帧和1s 02帧分别加入一个关键帧,如图5-106所示。

图 5-106

将1s 02帧拖动到3s的位置，使得之前的画面缩放有所减慢，整个速度比较均匀，如图5-107所示。

图 5-107

19）为了增加一点动态的感觉，最后给地球缩放做一个旋转，回到"地球缩放"的合成，单击"地球"图层，在1s处和7s处各设置一个关键帧，两个关键帧之间相差360°，这个旋转可以是顺时针，也可以是逆时针，如图5-108所示。

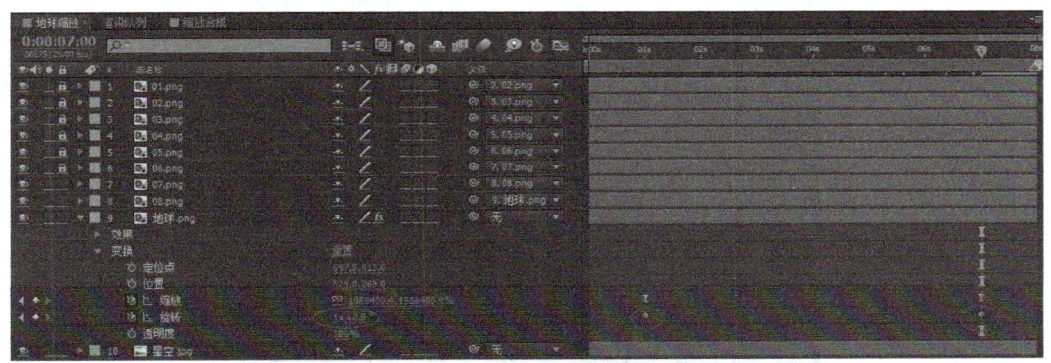

图 5-108

渔女缩放效果合成完成，如图5-109～图5-112所示，这是珠海渔女效果的前一个画面，接下来开始做渔女的倒影效果。

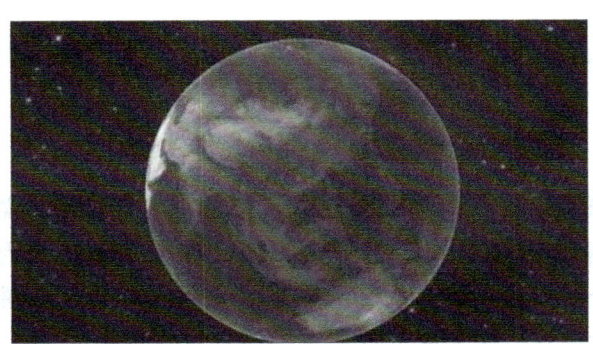

图 5-109

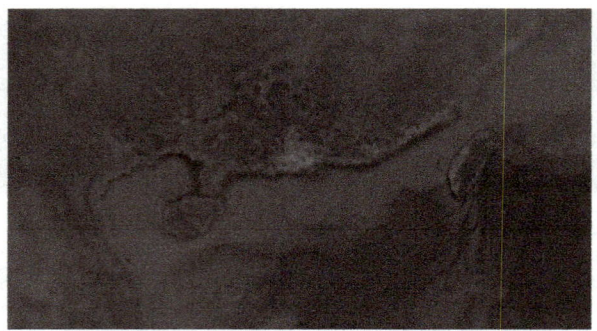

图 5-110

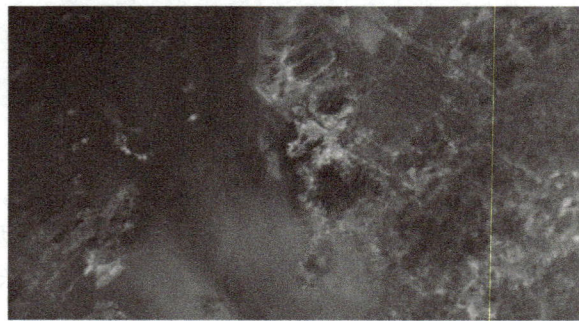

图 5-111

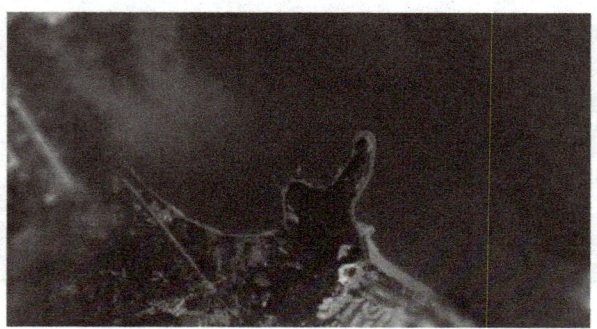

图 5-112

▶▶▶ 任务2　制作"珠海渔女"倒影效果

任务分析

本任务制作"珠海渔女"的第二个部分，接着上一个缩放的效果，制作一个珠海渔女侧面的倒影效果。本任务使用了一张图片，利用多个特效为其制作水中倒影效果，并将其天空部分替换为所制作的云天效果。使用Fractal Noise制作云天效果和水波参考层，使用Keying特效替换天空，使用置换特效制作倒影。

任务实拖

1. 导入素材

先在新的项目面板中导入准备制作的素材。在项目面板中的空白处双击鼠标左键，打开导入对话框，从中选择本任务中所准备的图片素材"珠海渔女.jpg"，单击"打开"按钮，将其导入到项目面板中。

2. 建立"云天"合成

1）选择菜单中的"合成"→"新建合成"命令（快捷键为<Ctrl+N>），打开"合成设置"对话框，其中设置如下："合成组名称"为"云天"，"预置"为"PAL D1/DV"，"持续时间"为5s。然后单击"确定"按钮。

2）按<Ctrl+Y>组合键，新建一个与合成同尺寸的固态层。

3）选中实体层，选择菜单中的"特效"→"噪波&颗粒"→"分形噪波"命令，设置云彩的效果。其中，在变换下设置乱流偏移第0帧时为（0，0），第4s 24帧为（200，100）；设置演变第0帧时为0°，第4s 24帧时为180°，如图5-113和图5-114所示。

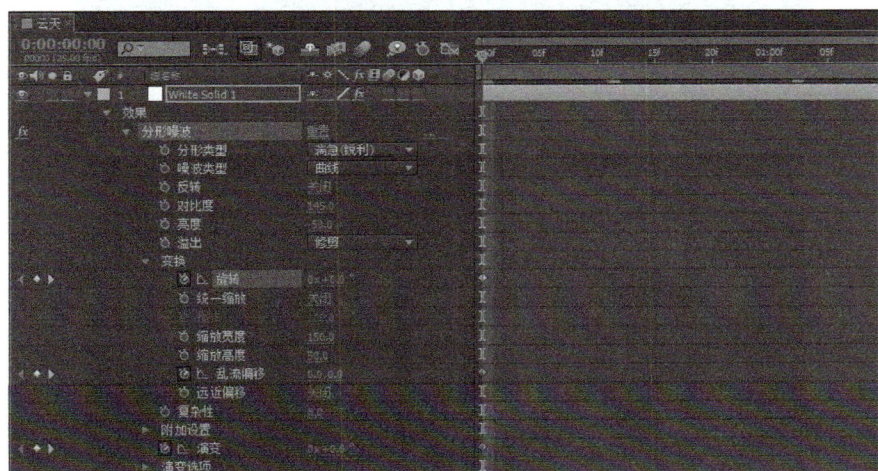

图 5-113

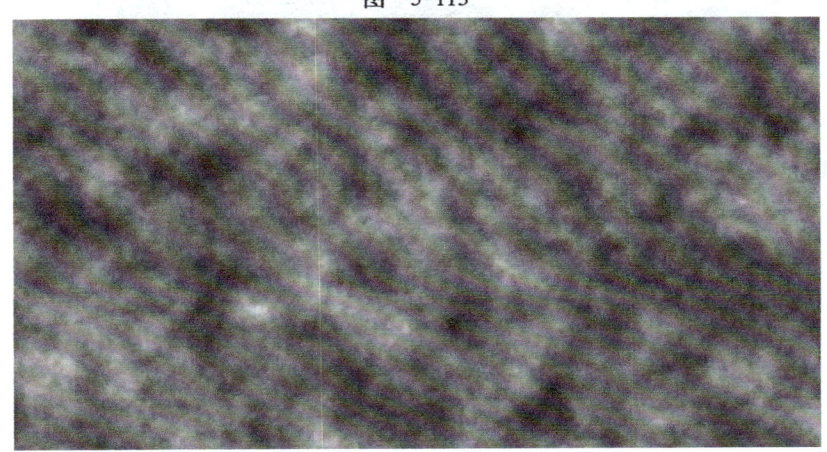

图 5-114

> **小提示**
>
> 在AE特效应用中，分形噪波是经常使用的一个特效，通常用来制作烟雾、云层、流水、宇宙等具有深浅对比效果的大自然现象，希望读者多加练习，熟练掌握分形噪波的各种参数的意义。

4）选择菜单中的"特效"→"色彩校正"→"色阶"命令，设置"输入黑色"为100，"输入白色"为230，如图5-115。效果如图5-116所示。

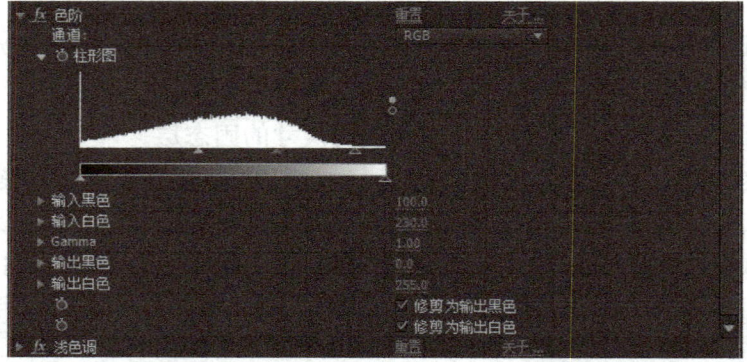

图 5-115

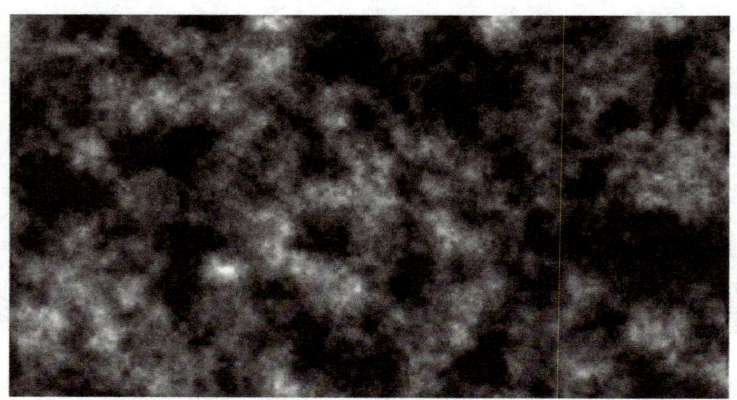

图 5-116

5）选择菜单中的"特效"→"色彩校正"→"浅色调"命令，设置"映射黑色到"为RGB为（42，106，171），如图5-117~图5-119所示。

图 5-117

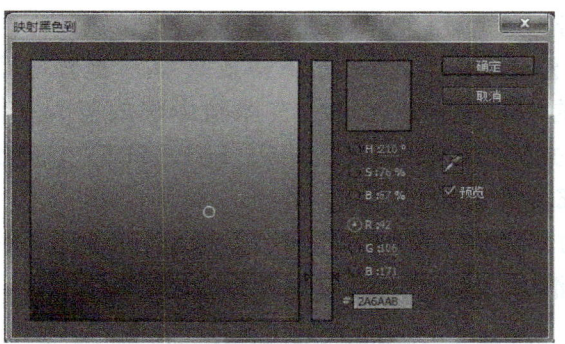

图 5-118

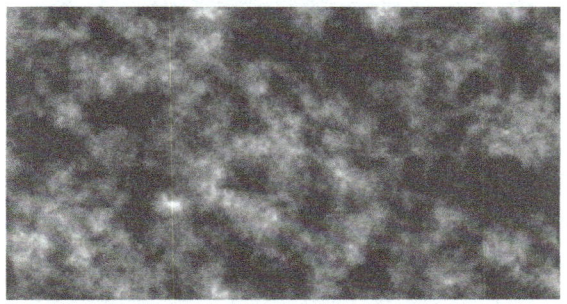

图 5-119

6）在Timeline面板中打开实体层的三维开关，设置"位置"为（360，336，-735），X旋转为60°，如图5-120所示。效果如图5-121所示。

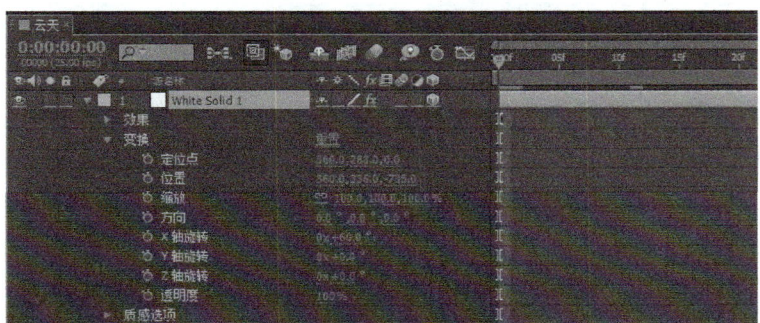

图 5-120

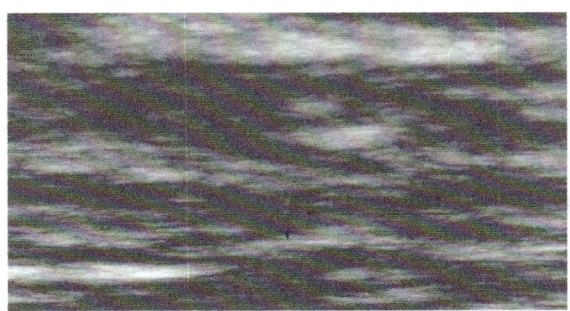

图 5-121

3. 建立"云天渔女"合成

1）重命名为"云天渔女"，其时间线中包含"云天"层。

2）项目面板中将"云天珠海.jpg"拖至时间线，适当缩放，移至画面的底部。

3）选中"珠海渔女.jpg"层，选择特效菜单"键控"里的"线性色键"特效，使用键色右侧的"颜色拾取工具"在图像中部的蓝天上拾取颜色，查看键控效果，这里将拾取的颜色调整为RGB（86，153，255），得到一个较好的去除蓝天的效果，但仍有部分残留的蓝色。

4）选择菜单中的"特效"→"键控"→"简单蒙版"命令，将"蒙版抑制"参数设为0.6，将残留的蓝色消除，这样合成云天与珠海渔女效果，如图5-122和图5-123所示。

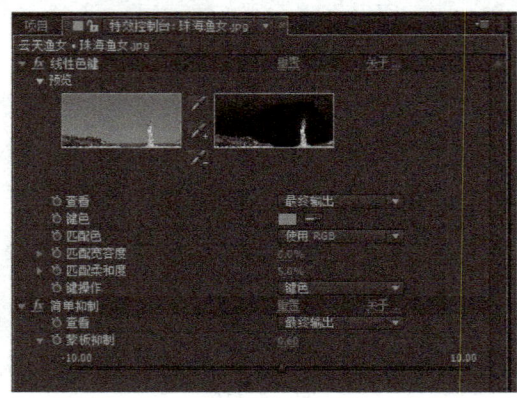

图 5-122

图 5-123

4. 建立"水波参考"合成

1）选择菜单中的"合成"→"新建合成"命令，打开"合成设置"对话框，从中设置如下："合成组名称"为"水波参考"，"预置"为"PAL Dl/DV Widescreen"，"持续时间"为5s，然后单击"确定"按钮。

2）选择菜单中的"图层"→"新建"→"固态层"命令，在打开的"固态层设置"对话框中设置名称为"水波"，修改宽为1000，高为2000，单击"确定"按钮建立实体层。

3）选中实体层．选择菜单中的"特效"→"噪波&颗粒"→"分形噪波"命令，设置水波效果，其中：

① 在变换下,设置旋转第0帧时为0°,第4s 24帧时为-25°。
② 在附加设置下,设置附加旋转第0帧时为0°,第4s 24帧时为25°。
③ 设置演变第0帧时为0°,第4s 24帧时为1x+0°(即旋转一圈360°),如图5-124所示。效果如图5-125所示。

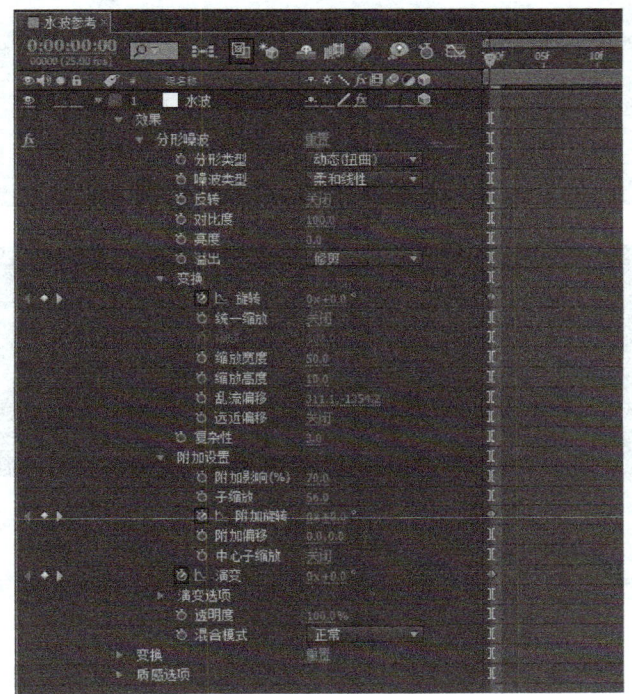

图 5-124

图 5-125

> **小提示**
> 这个效果简便的做法是在Animation Preset后选择River预设的参数,然后适当修改。

4)打开"水波"层的三维开关,设置"位置"为(360,400,-450),X轴旋转为-90°,如图5-126所示。效果如图5-127所示。

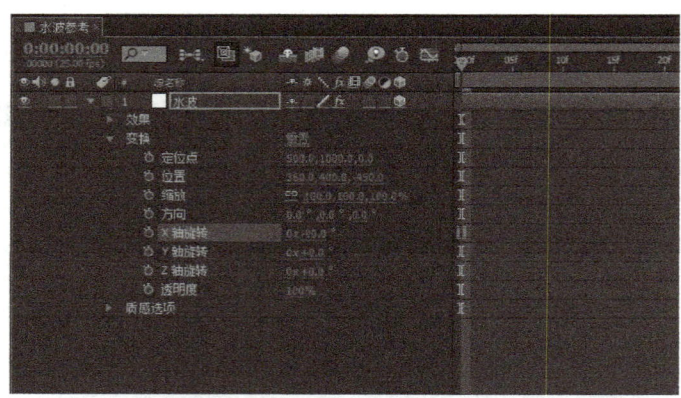

图 5-126

图 5-127

5．建立"水中倒影"合成

1）选择菜单中的"合成"→"新建合成"命令，打开"合成设置"对话框，从中设置如下："合成组名称"为"水中倒影"，"预置"为"PAL Dl/DV Widescreen"，"持续时间"为5s，然后单击"确定"按钮。

2）从项目面板中将"水波参考"和"珠海渔女"拖至时间线中，将"云天剧院"适当上移，使其底部与"水波参考"的面形相连接。

3）选中"珠海渔女"层，按<Ctrl+D>组合键创建一个副本，重命名为"珠海渔女倒影"，设置其缩放的Y轴为负数，颠倒图像，并下移到合适的位置，如图5-128和图5-129所示。

图 5-128

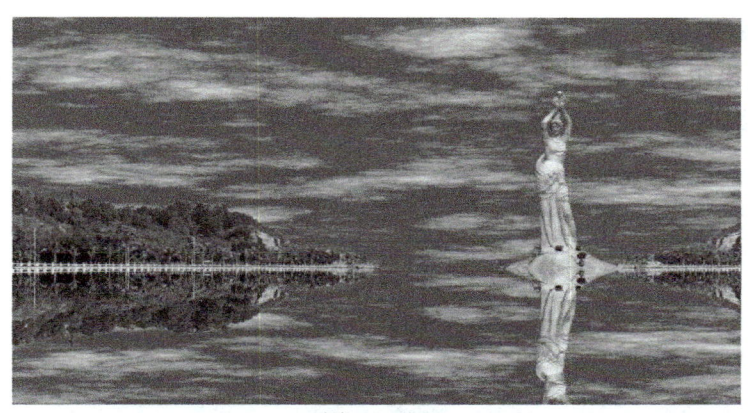

图 5-129

4）选中"水中倒影"层，选择"特效"→"模糊&锐化"→"快速模糊"命令，设置模糊值为50，模糊方向为垂直，产生图像在水面中垂直模糊的效果。

5）选择"特效"→"扭曲"→"置换贴图"命令，设置如下：映射图层为"水波参考"，"使用水平置换"为亮度，"最大水平置换"为0，"使用垂直置换"为亮度，"最大垂直置换"为70。产生图像在水波中扭曲的效果，如图5-130和图5-131所示。

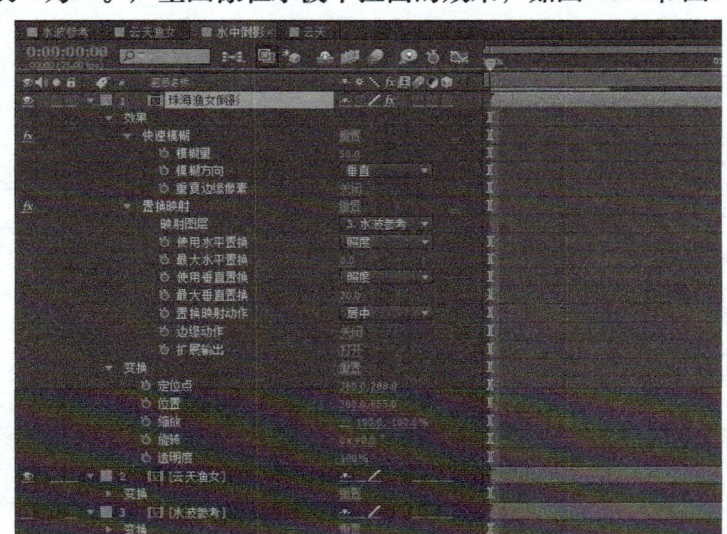

图 5-130

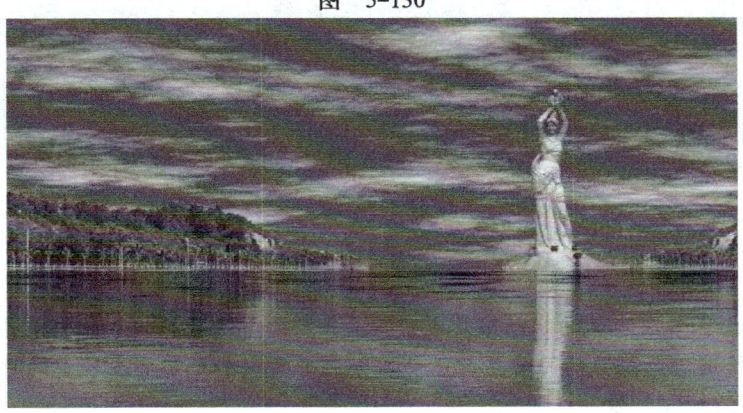

图 5-131

6）如需添加音频，则可将音频文件"08-内置换天造海"导入合成，并在渲染队列里单击"输出组件"中的"无损"命令，在弹出的输出组件设置里勾上"音频输出"即可在输出视频的同时输出音频，如图5-132和图5-133所示。

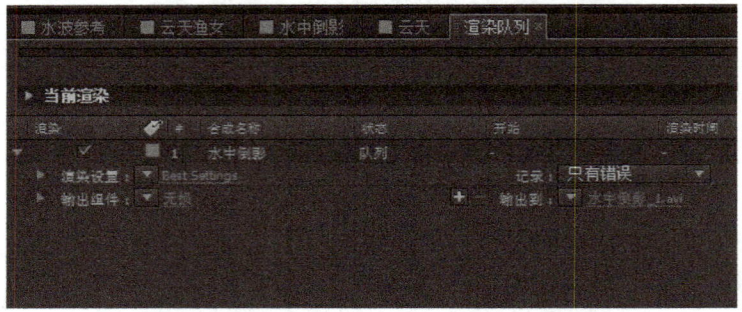

图 5-132

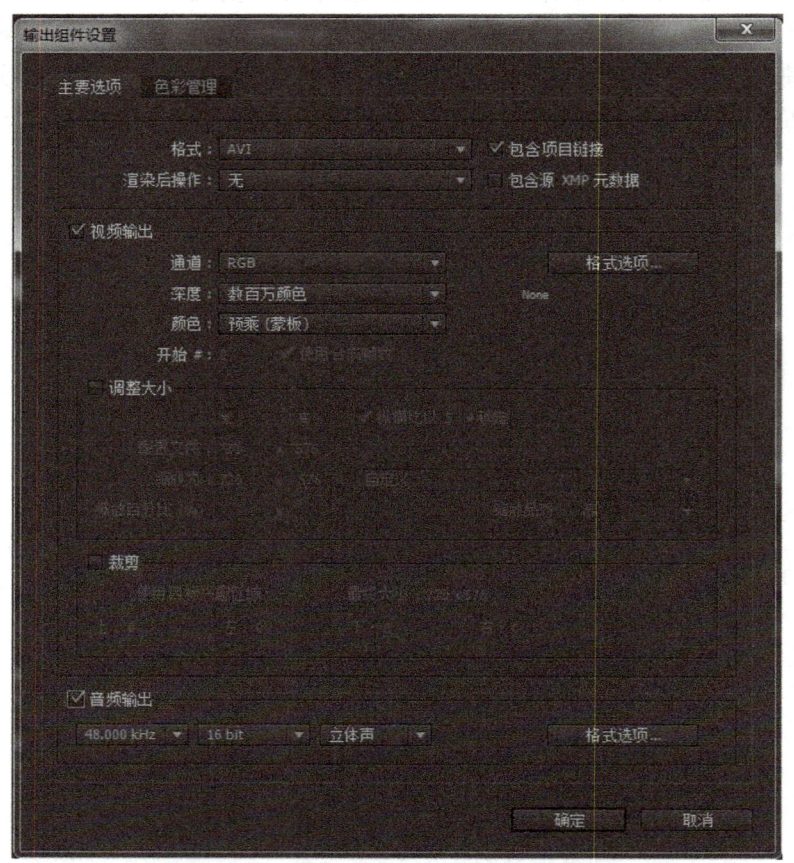

图 5-133

小提示

After Effects软件在默认的状态下是不会渲染声音的，所以在学习的时候要非常注意这一点。另外按空格键进行预览的时候也是不会渲染声音的，如果需要在预览的时候听到声音，则请按小键盘上的"0"键。

自此,"珠海渔女"的两个效果都做完了,可以新建一个合成将两个片段连在一起,就是一个完整的广告案例,这种效果通常应用在城市介绍片中,可以结合不同城市的地标建筑,进行项目拓展训练。

项目审核和交接

1) 本项目中两个任务由工作室成员完成后,交由工作室主管审核。
2) 经过主管审核后,需修改的部分进行首次修改。
3) 再由主管交付至客户审核,根据客户的意见,工作室成员进行二次修改。
4) 一般经过2、3次的修改后,最终完成项目的审核和交接。

必备知识

本项目需掌握父子层的运动,三维图层关联,分形噪波的调整。

项目拓展

请大家使用分形噪波制作抽烟时的烟雾效果。

项目评价

在本项目中,主要学习有关父子层关联运动的知识,父子层操作是作为AE动作效果操作中非常重要的内容,希望各位同学能熟练掌握。另外,AE特效中分形噪波的使用也很常见,在影视后期中一般使用它来模拟制作云雾、火焰、水波等真实的形态,只要参数设置合理,几乎可以调整出任何想要的雾化效果。

《对城市形象进行整体包装》	很满意	较满意	有待改进	不满意
项目设计的评价				
项目的完成情况				
知识点的掌握情况				
与本组成员协作情况				
栏目主管对项目的评价				
自我小结				

学习单元5 制作主题宣传片

学习单元6

学习影视特效后期制作

学习单元 6　学习影视特效后期制作

单元概述

本单元主要学习现实生活中的模拟特效制作，是对现实生活中不可能完成的拍摄或花费大量资金而得不偿失的拍摄用计算机对其进行数字化处理，从而模拟出实际预计的视觉效果。

学习目标

知识目标：掌握After Effects软件中有关三维摄像机操作的用法，以及抠像。
技能目标：能通过After Effects软件快速达到制作三维模拟特效及抠像特效。
情感目标：培养学生应岗能力和协调能力，特别是在项目11中经常遇到的情形。学生必须知道有些场景不是无法拍摄，而是因为太危险，必须想办法使用特效去解决。

项目10　制作摄像机动画《飞虎队出击》

项目描述

本项目是做一个"飞虎队出击"迎战敌机的动画，动画的大背景是抗日战争时期国民党空军在美国人陈纳德的帮助下建立了"飞虎队"，在抗日战争中发挥了重要的作用。本项目选用的机型是P-40飞机，即当时美国援助的王牌战斗机。

本项目共分为两个具体的任务：
任务1：制作飞机组装效果。
任务2：制作飞机起飞效果。

任务1　制作飞机组装效果

任务分析

本任务制作一个类似"飞机起飞"的画面，但是在制作之前要对飞机进行拼接，这是一个由飞机的效果图拼接成的一个仿3D效果，并非真正的三维模型，而是在三维空间中搭建飞机模型，嵌套合成制作飞行动画。

本任务使用含有飞机顶视图、侧视图的平面图像，使用Mask抠出飞机的顶视图、侧视图及螺旋桨，在三维空间搭建出飞机的模型，并设置螺旋桨动画。在新的合成中创建三维场景，并嵌套飞机模型，将其制作成从场景中起飞的效果。

任务实施

1. 导入素材

在新的项目面板中导入准备制作的素材。在项目面板中的空白处双击鼠标左键，打开导入对话框，从中选择本任务中所准备的图片素材"飞虎队.psd""飞虎队侧面.psd""云.jpg""风景.jpg"和"飞机场.psd"，单击"打开"按钮，将其导入到项目面板中。素材如图6-1所示。

图 6-1

2. 建立"飞机_顶视图"

1）选择菜单中的"图像合成"→"新建合成"命令，打开"图像合成设置"对话框，设置如下："合成组名称"为"飞机_顶视图"，"预置"为"PAL Dl/DV方形像素"，"持续时间"为6s，如图6-2所示。然后单击"确定"按钮。

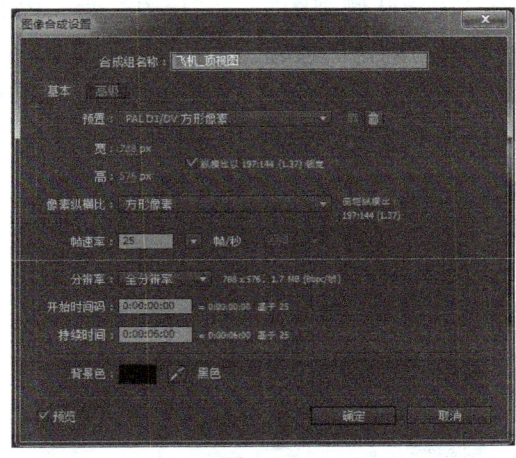

图 6-2

2）从项目面板中将"飞虎队.psd"拖至时间线，如图6-3所示。

图 6-3

3）在合成视图下方单击■按钮，将弹出菜单中的"字幕/视频"安全框勾选，然后参照辅助线将顶视图飞机移至视图中心，调整旋转角度，使飞机位于安全框的中部，如图6-4所示。

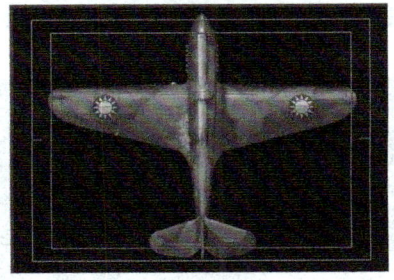

图 6-4

4）飞机的参数设置如图6-5所示。

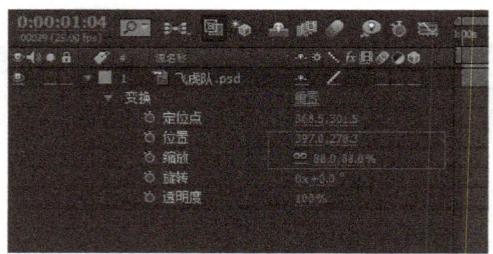

图 6-5

3．建立"飞机_侧视图"

1）选择菜单中的"合成"→"新建合成"命令，打开"合成设置"对话框，设置如下："合成组名称"为"飞虎队侧视图"，"预置"为"PAL Dl/DV 方形像素"，"持续时间"为6s。然后单击"确定"按钮。

2）从项目面板中将"飞虎队侧面.psd"拖至时间线，将飞机侧视图移至视图中心，调整旋转角度，使飞机水平放置，如图6-6和图6-7所示。

图 6-6

图 6-7

3）沿飞机侧视图的轮廓建立三个遮罩，将飞机的螺旋桨、轮删除，从原图像中分离出来，如图6-8和图6-9所示。

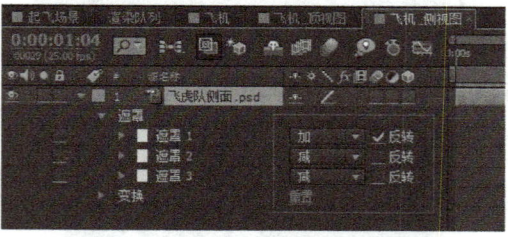

图 6-8

图 6-9

4. 建立"飞机—螺旋桨—叶片"

1）选择菜单中的"合成"→"新建合成"命令，打开"合成设置"对话框，设置如下："合成组名称"为"飞机_螺旋桨_叶片"，"预置"为"PAL Dl/DV方形像素"，"持续时间"为6s，然后单击"确定"按钮。

2）从项目面板中将"飞虎队侧面.psd"拖至时间线，将飞机螺旋桨移至视图中心。

3）沿飞机上面螺旋桨的轮廓建立一个遮罩，将螺旋桨从原图像中分离出来，如图6-10所示。

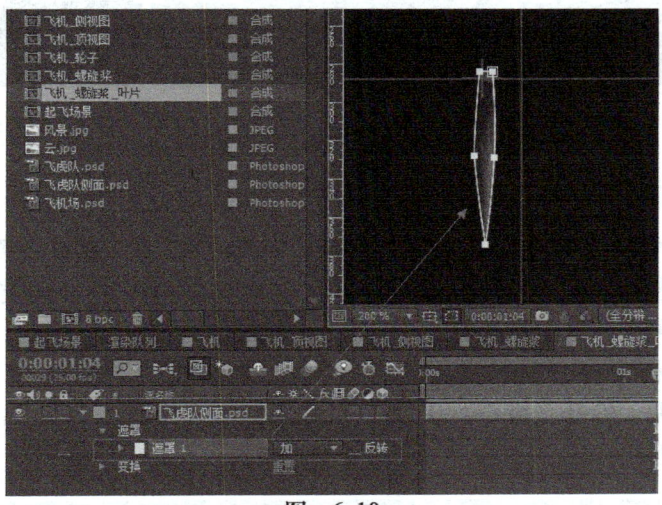

图 6-10

5. 建立"飞机—螺旋桨"

1）选择菜单中的"合成"→"新建合成"命令，打开"合成设置"对话框，设置如下："合成组名称"为"飞机_螺旋桨"，"预置"为"PAL Dl/DV方形像素"，"持续时间"为6s，然后单击"确定"按钮。

2）从项目面板中将"飞机_螺旋桨_叶片"拖至时间线，按<Ctrl+D>组合键创建两个副本，然后分别调整其Rotation为120°和240°，如图6-11和图6-12所示。

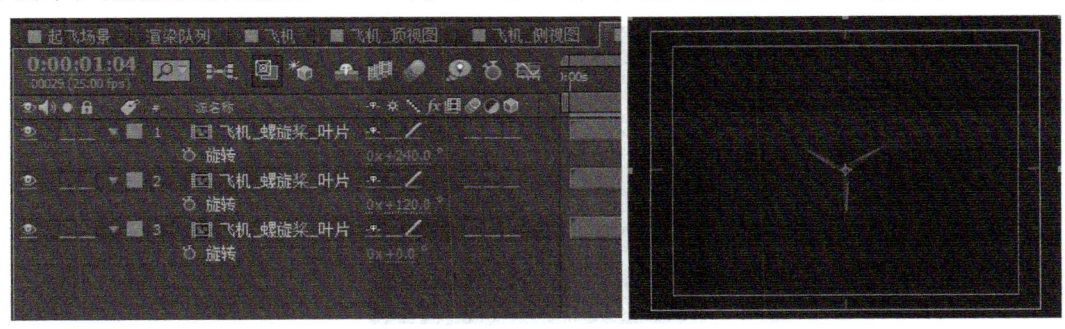

图 6-11　　　　　　　　　　图 6-12

6. 建立"飞机—轮子"

1）选择菜单中的"合成"→"新建合成"命令，打开"合成设置"对话框，设置如下："合成组名称"为"飞机_轮子"，"预置"为"PAL Dl/DV方形像素"，"持续时间"为6s，然后单击"确定"按钮。

2）从项目面板中将"飞虎队侧面.psd"拖至时间线，加入遮罩，勾勒出飞机的轮子，如图6-13和图6-14所示。

图 6-13

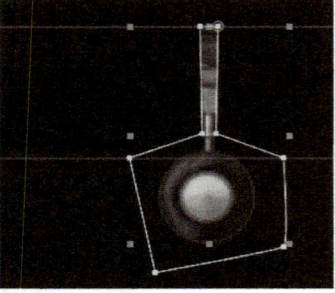

图 6-14

7. 建立"飞机"

1）选择菜单中的"合成"→"新建合成"命令，打开"合成设置"对话框，设置如下："合成组名称"为"飞机"，"预置"为"PAL D1/DV方形像素"，"持续时间"为6s，然后单击"确定"按钮。

2）从项目面板中将"飞机_顶视图""飞机_侧视图""飞机_螺旋桨"和"飞机_轮子"拖至时间线，打开三维图层开关。在合成视图中选择自定义视图1方式查看，如图6-15和图6-16所示。

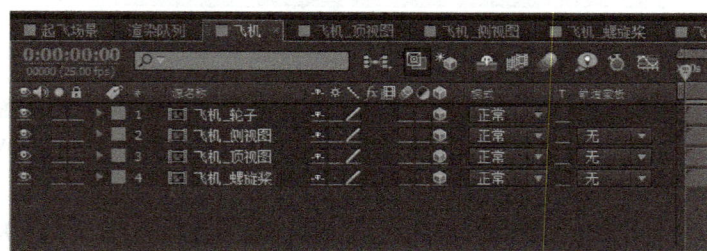

图 6-15

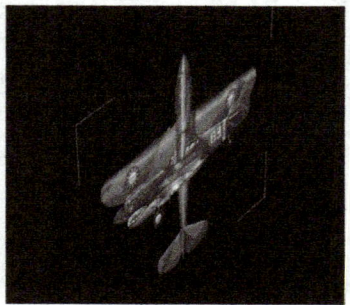

图 6-16

3）修改"飞机_顶视图"层的旋转方向，将方向设为（90°，0°，270°）。

4）修改"飞机_螺旋桨"层的位置和旋转方向，并设置旋转动画。将"位置"设为（114，288，0），将方向设为（0°，90°，0°），设置Z轴旋转第0帧时为0°，第5s 24帧时为5x+0°，如图6-17所示。

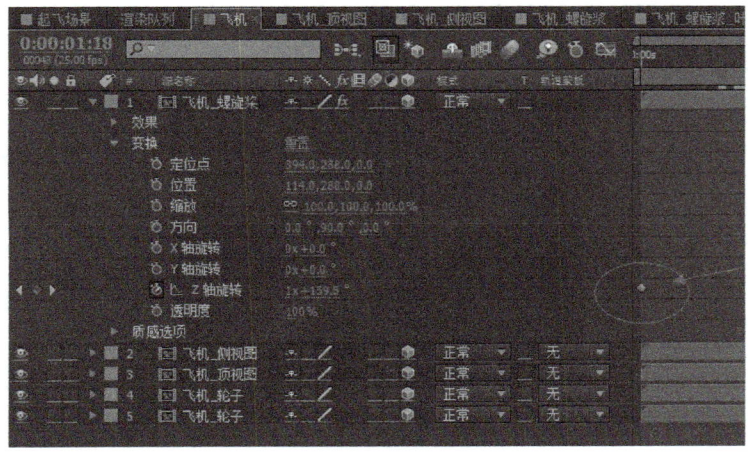

图 6-17

5)为"飞机_螺旋桨"的旋转动画添加模糊效果,选中"飞机_螺旋桨"层,选择菜单中的"特效"→"模糊&锐化"→"半径模糊"命令,添加旋转模糊效果,设置"模糊量"为50,如图6-18和图6-19所示。

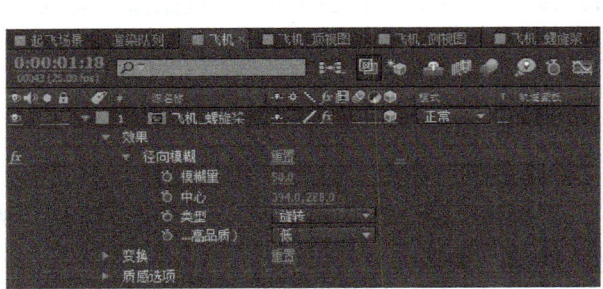
图 6-18

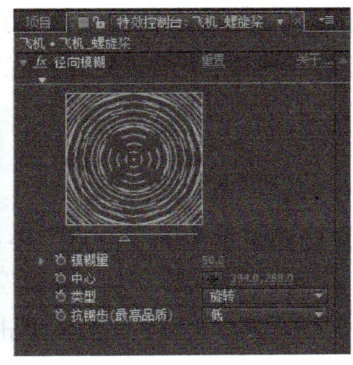
图 6-19

6)将飞机轮子复制一份,修改两个"飞机_轮子"层的位置和旋转方向,注意一个在左边,一个在右边,如图6-20所示。

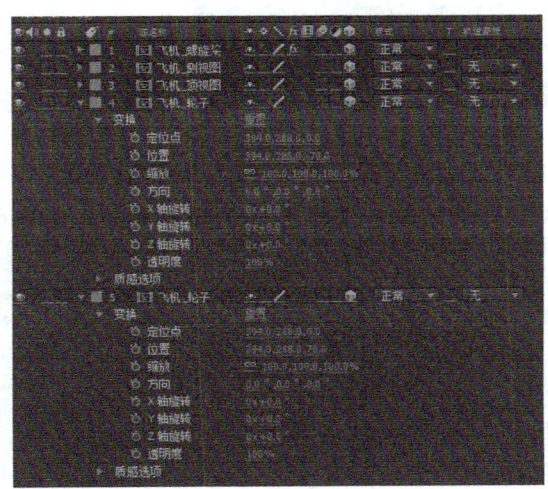
图 6-20

至此，该飞机模型就建立完成了，在学习中需要把握3D图层的使用，注意三个轴向的方向，效果如图6-21所示。

图 6-21

任务2　制作飞机起飞效果

任务分析

飞机起飞的任务需要大家处理好实体运动与摄像机运动的关系，实体飞机的运动主要是起飞的动作和自身螺旋桨的旋转，其他的所有运动都是通过摄像机完成的。

任务实施

1. 建立"背景"

1）选择菜单中的"合成"→"新建合成"命令，打开"合成设置"对话框，设置如下："合成组名称"为"飞机"，"预置"为"PAL DI/DV"，"持续时间"为6s，如图6-22和图6-23所示，然后单击"确定"按钮。

图 6-22

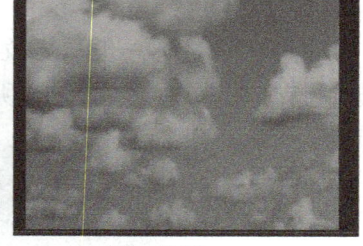

图 6-23

2）从项目面板中将"云.jpg"拖至时间线，缩放设置为（300，300%），位置设置第0帧时为（0，-280），使云的图像产生一个平移动画，如图6-24所示。

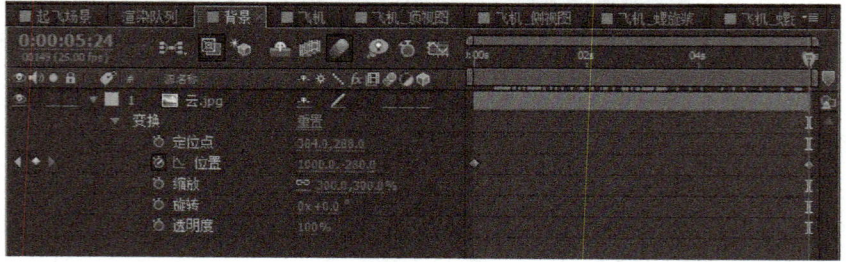

图 6-24

2. 建立"起飞场景"

1）选择菜单中的"合成"→"新建合成"命令，打开"合成设置"对话框，设置如下："合成组名称"为"起飞场景"，"预置"为"PAL D1/DV"，"持续时间"为6s，然后单击"确定"按钮。

2）从项目面板中将"背景""风景.jpg""飞机场.psd"和"飞机"拖至时间线，打开"风景.jpg""跑道.psd"和"飞机"三个图层的三维开关，如图6-25和图6-26所示。

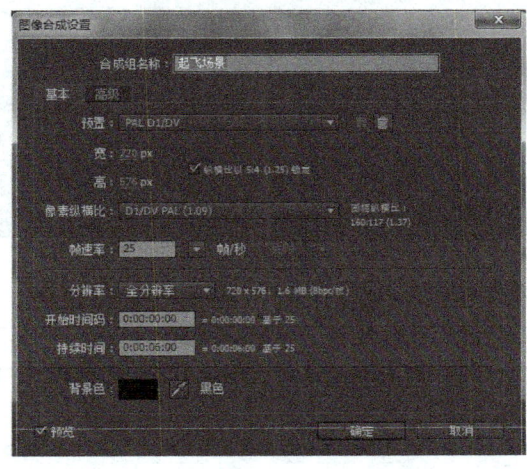

图 6-25

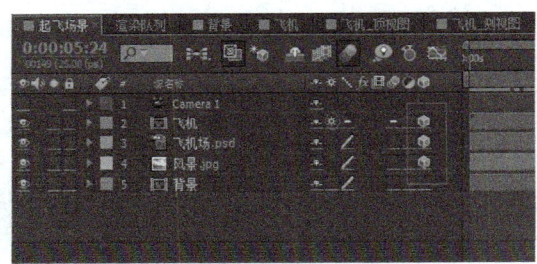

图 6-26

3）选择菜单中的"图层"→"新建"→"摄像机"命令，建立一个摄像机，在"摄像机设置"对话框中，将"预置"选择为35mm，如图6-27所示。单击"确定"按钮。

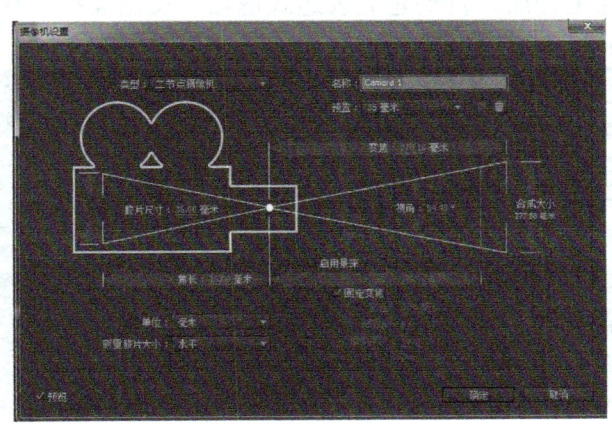

图 6-27

4）在时间线中设置"风景.jpg"下的"位置"为（360，266，88），缩放为（100，100，100%），X轴旋转为90°。

5）设置"飞机场.psd"的"位置"为（360，266，88），X轴旋转为-90°，如图6-28所示。

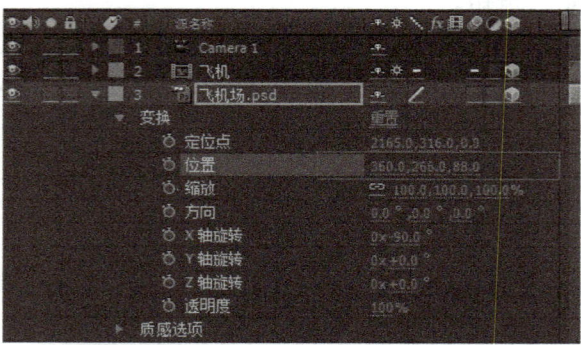

图 6-28

6）单击打开"飞机"图层的 ☀ 开关，显示出立体状态。设置"飞机"的缩放为（12，12，12%）。位置第0帧时为（1600，250，0）、第3s时为（-600，180，30）。Z轴旋转第0s时为0°，第3s时为12°。这一步主要是让飞机沿着跑道有一个逐步上升的姿态，如图6-29所示。

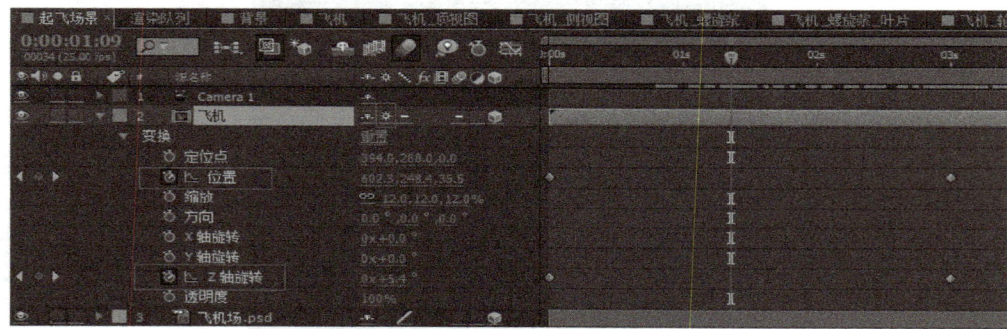

图 6-29

7）设置摄像机1层的"位置"为（360，260，-20）。展开"飞机"层的属性，按住<Alt>键并单击摄像机1层目标兴趣点前面的码表，建立表达式，将其下 ◎ 按钮拖曳至"飞机"层的属性上释放，自动建立表达式链接，使摄像机一直对着飞机进行跟踪拍摄，如图6-30所示。

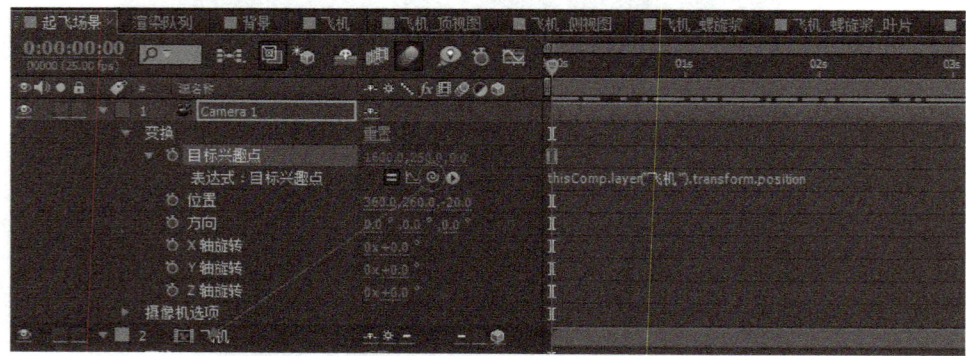

图 6-30

8）查看此时的动画效果，调整"背景"平移动画的速度，将其与摄像机的视角平移相匹配。选中"背景"层，选择菜单中的"图层"→"时间"→"时间层置换"命令，在图层下添加时间置换，其首位会出现两个关键帧。在第5s24帧处添加一个关键帧，将其移至第3s处，并删除原来尾部的关键帧，如图3-31所示。

图 6-31

9）单击时间轴上的■按钮，展开曲线编辑器，单击下方的■按钮，选择菜单中的编辑速度图形，将其勾选。双击时间重置选中其关键帧，然后单击■按钮，使两端的速度变慢，而中间的变快，如图6-32所示。

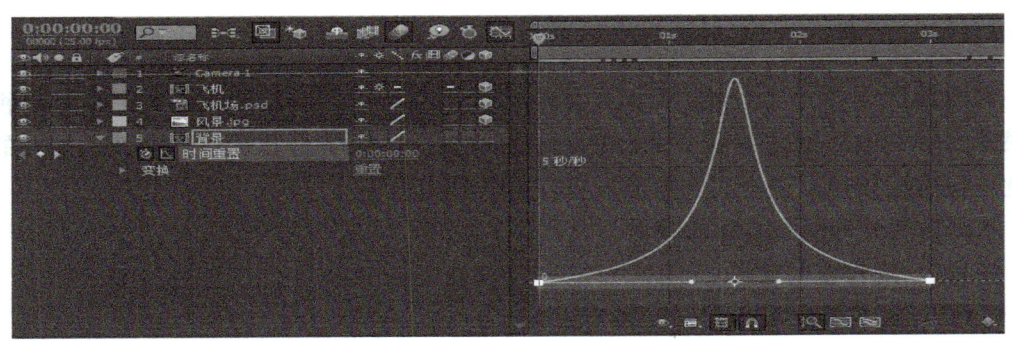

图 6-32

10）调节完毕，单击时间轴上面的■按钮，切换到图层的编辑面板，这样飞机起飞的实例就完成了，可以对动画进行输出。

> **小提示**
>
> 在AE中时间的调节是容易被忽略的一部分内容，其实在实际的生活中线性的时间变化非常少见，人们常见的运动都是非线性的，这点希望读者注意。

必备知识

本项目中需要了解三维图层的构造、学会使用摄像机运动。

项目拓展

请读者制作三架飞机起飞的动画，要求三架飞机间隔一定的距离，组成一个三角队形，并且在运动上稍有差异。摄像机运动中使用5个不同的景别来描述该次起飞动画，并且需要有一个跟踪飞机的同步镜头。

项目评价

在本项目中，学习了使用After Effects软件制作模拟现实特效。通过制作飞机模型和飞机起飞动画来学习三维图层的构造、学会使用摄像机运动。通过本项目的学习，做一个项目评价和自我评价。

制作摄像机动画《飞虎队出击》	很满意	较满意	有待改进	不满意
项目设计的评价				
项目的完成情况				
知识点的掌握情况				
与本组成员协作情况				
客户对项目的评价				
自我小结				

项目11 制作动画《小迷糊的车祸》的效果

项目描述

本项目是做一个"小迷糊"同学被汽车撞击的特效，该特效在平时的电影电视剧中很常见。一般车祸的情景，进行实拍非常危险，所以不会真的这样做，而解决的方法就是使用绿布拍摄进行后期抠像，将其合成到实景中。

本项目共分为两个具体的任务：

任务1：制作抠像效果；

任务2：制作撞击效果。

任务1 制作抠像效果

任务分析

任务1对小迷糊同学过马路进行抠像。效果如"撞人"的动态，此处使用最常用的颜色键和遮罩相结合的抠像法。

任务实施

1. 新建项目

选择菜单中的"文件"→"新建"→"新建项目"命令（快捷方式为<Ctrl+Alt+N>）来新建项目，建立合成后要保存一次，保存的名字和路径自行设置。

2. 调用素材到项目面板

在项目面板中的空白处双击鼠标左键，打开"导入文件"对话框，从中选择本任务中所准备的视频素材文件"行人"和"汽车"，将其全部选中，单击"打开"按钮，将其导入到项目面板中，如图6-33所示。

行人.MTS　　　汽车.MTS

图 6-33

3. 新建合成

选择菜单中的"合成"→"新建合成"命令，（快捷键为<Ctrl+N>），打开"合成设置"对话框，设置如下："合成组名称"为"撞车"，"预置"为"PAL D1/DV"（因为宣传片一般是宽屏，所以在建立合成时一般不会用4:3的标清屏幕，而会选用16:9的宽屏幕），持续时间为5s，如果软件中没有宽屏的设置选项，则直接选取"自定义"，设置宽为1080px，高为576px，与宽屏的效果一致，如图6-34所示。

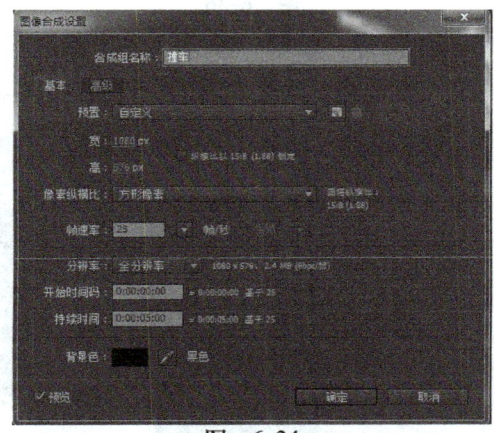

图 6-34

4. 调整"行人"和"汽车"视频的时间关系

将"行人"和"汽车"视频拉入到时间线中，将"行人"放置在上层，比较"汽车"的视频进行调整，使得撞击的发生出现在第3s，即汽车开到图中的位置时，行人刚好产生歪斜的姿势，为了调整方便可以适当降低"行人"的透明度，如图6-35所示。

图 6-35

5. 抠像效果

1）调整完后视频的相对位置就不能再动了，开始制作行人的抠像效果，选中行人视频，单击"菜单层"→"预合成"命令，将行人单独放置到新的合成中，命名为"小迷糊"，如图6-36所示。

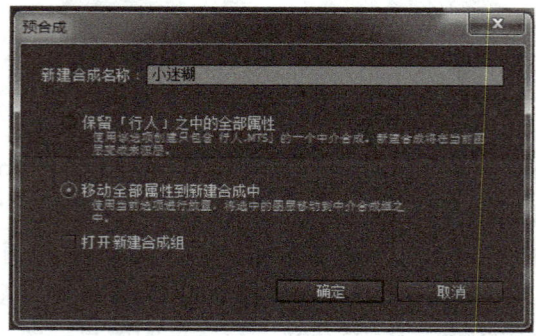

图 6-36

2）开始对小迷糊同学进行抠像，选择"效果"→"键控"→"颜色建"命令，对背景布进行抠像，并对其加一个遮罩，参数设置如图6-37所示。

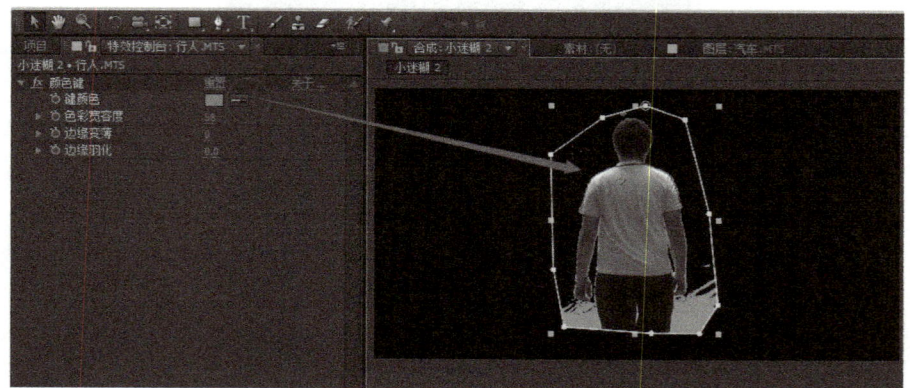

图 6-37

3）单个的抠像效果往往达不到预期的效果，可以进行多次颜色键的抠像，但色彩宽容度不能太大，以免将人物的身体部分扣掉，为了得到更好的效果，选择"效果"→"蒙版"→"简单抑制"命令，增加一点纯绿色的边缘，如图6-38所示。

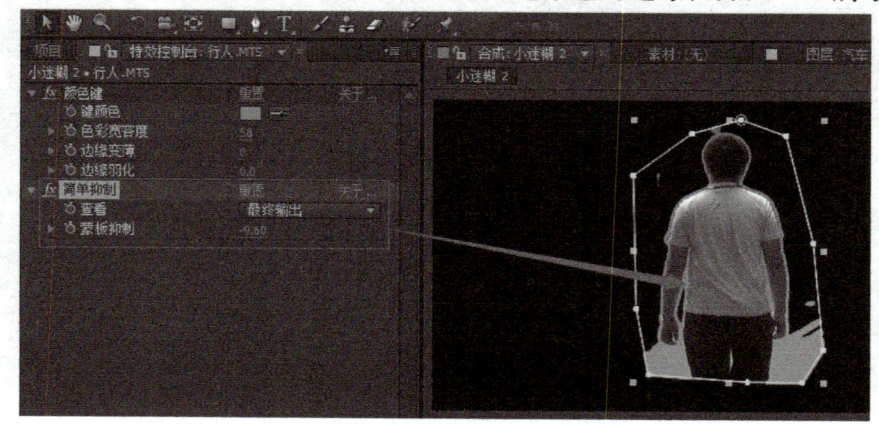

图 6-38

4）再选择"效果"→"键控"→"keylight1.2插件"命令，抠掉剩下的绿色，如

图6-39所示。

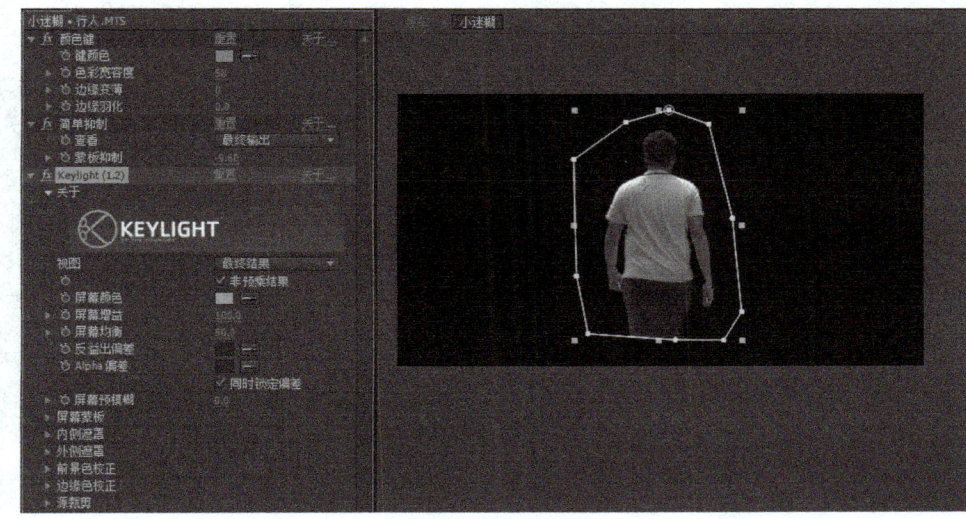

图 6-39

> **小提示**
>
> 抠像时如果没有"简单抑制"效果的作用,则仅使用"keylight1.2插件"很容易将人物抠成半透明,抑制的作用是增加抠像的边缘部分。

5)人物的遮罩没有包括在绿布以外的部分,这是因为灰色的地板无法被抠掉,可以做一个其他的固态层(这里以红色为例)来查看其中的效果,如图6-40所示。灰色地板的部分需要另外想办法,这里可以使用遮罩。

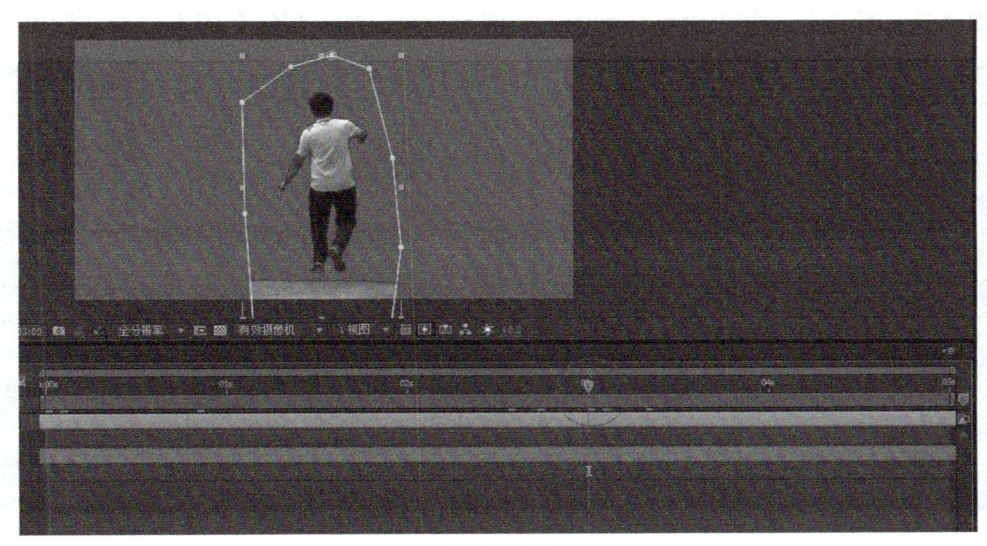

图 6-40

6)将"行人"图层复制一层,上层为绿色背景范围内的抠像,而下层专门对灰色地板部分的人腿进行抠像,对其加一个轮廓的遮罩,如图6-41所示。

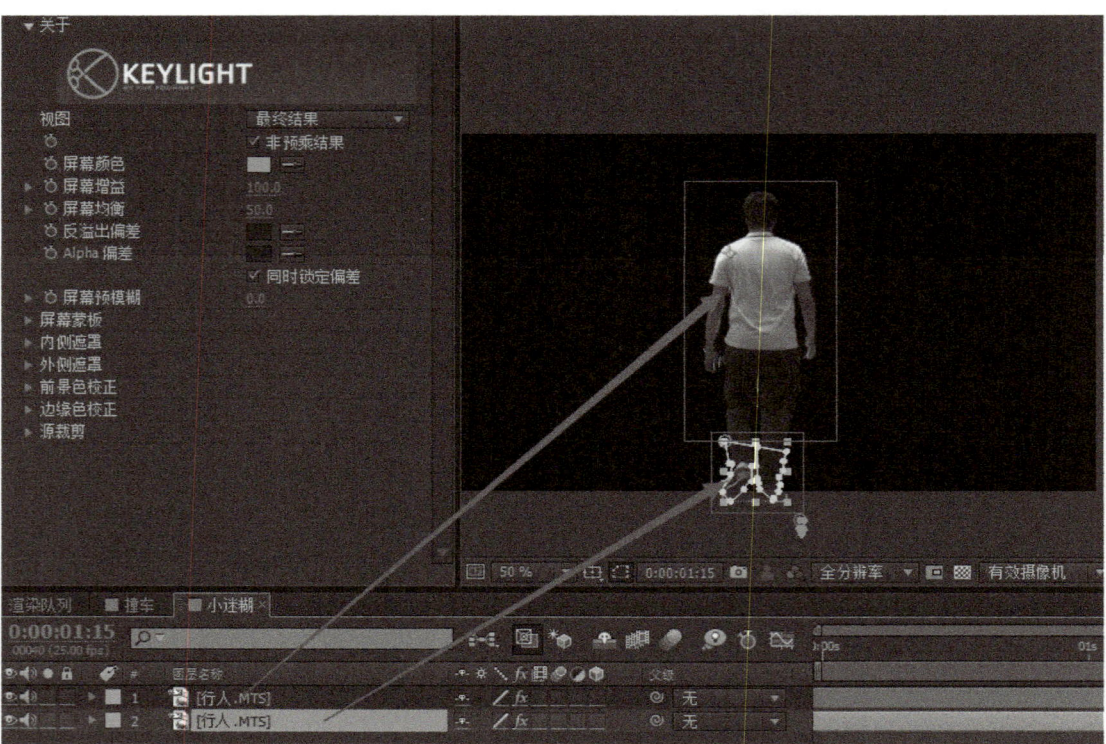

图 6-41

这样两个图层的抠像正好合成一个完整的图像。

6. 腿脚抠像

1）由于行人的腿是一直运动的，所以加的遮罩也需要跟着进行形变，单击遮罩的选项，对遮罩形状进行添加关键帧，如图6-42所示，可以加一层红色固态层置底做参考。

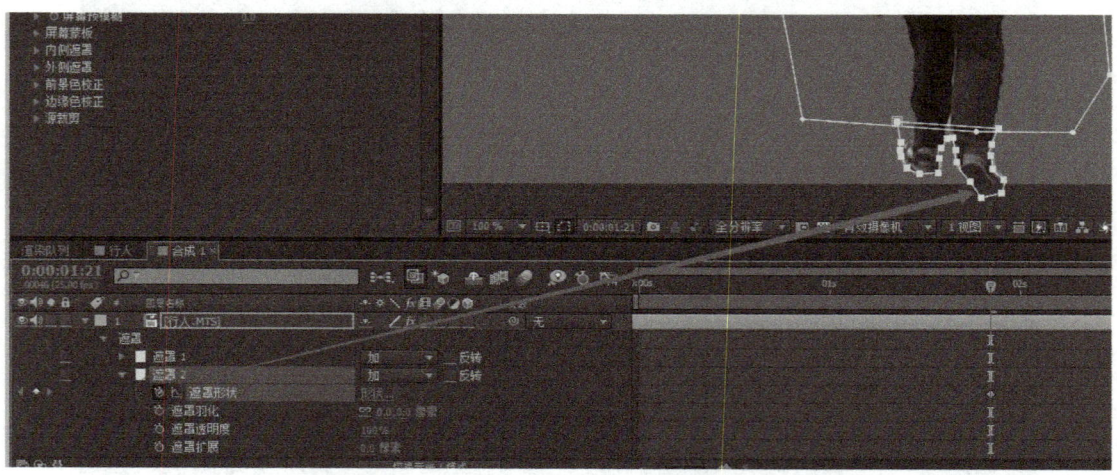

图 6-42

2）根据脚步的形状对遮罩的形状进行调整，由于每帧都有所区别，这部分需要一点耐心，如图6-43所示。

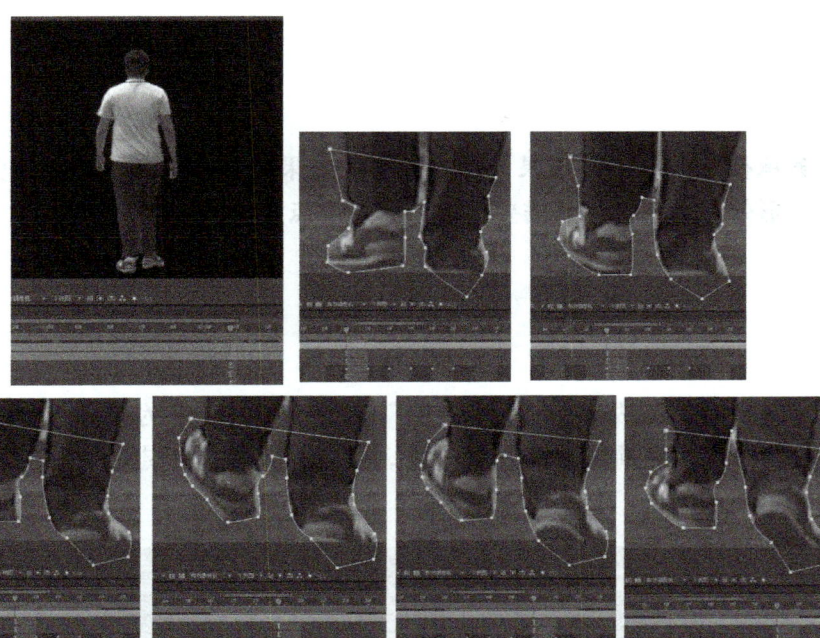

图 6-43

3)注意遮罩的关键帧只需做到行人的双脚进入绿色的背景部分就可以结束,如本任务大概在2s 20帧处结束。

4)抠像任务完成,回到"撞车"合成,观察最终的效果,如图6-44所示。

图 6-44

小提示

抠像的难易主要取决于前期的拍摄,提醒各位学员在布置抠像场景时尽量使用大面积的布匹,以本任务为例,如果条件允许则最好在地面上都铺满绿布,这样在抠像的时候就不用使用"遮罩工具"了,效率和效果都大大改善。

任务2　制作撞击效果

任务分析

本任务承接上个任务的效果，即车撞人的效果。这个任务需要用到父子层的运动跟踪以及变形效果。在制作前需要把撞击的时间点定好，这个非常关键。

任务实施

1. 新建空白图层

回到"撞车"合成，将"小迷糊"合成从3 s处分为两个部分，快捷键为<Shift+Ctrl+D>，因为前部分是正常走路，后部分是被车撞走。另外新建一个空白对象，如图6-45所示。

图　6-45

2. 运动效果

1）在空白对象上添加一个运动效果，运动的轨迹与汽车保持一致，2 s 23帧开始，3 s 13帧结束，空白对象最终的位置要在屏幕的外面，如图6-46所示。

图　6-46

2）然后选择前后两个运动关键帧，在关键帧上单击鼠标右键（注意鼠标一定要停留在关键帧的位置），在弹出的快捷菜单中选择"关键帧辅助"→"转换表达式为关键帧"命令，使其间的每一帧都转化为关键帧，方便以后的细微调节，如图6-47和图6-48所示。

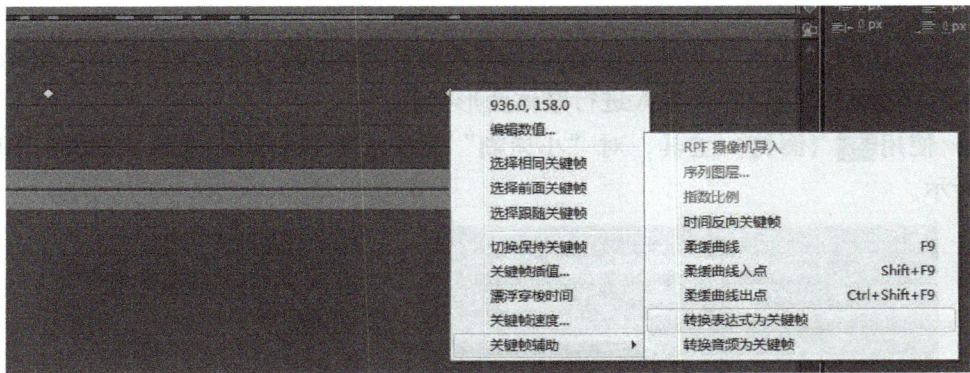

图 6-47

图 6-48

3)在2s 23帧位置,将"小迷糊"合成调整至汽车车头位置(注意前部分和后部分位置要一致),将"小迷糊"的后部分设置为空白对象的子对象,即从2s 23帧开始行人跟着空白对象移动,如图6-49所示。

图 6-49

3. 对人物添加撞击形变效果

现在基本的"撞人"效果已经完成，但是由于行人的肢体没有形变，"被撞击"的感觉并不强烈，所以要对行人进行肢体变形操作。

1) 使用 （图钉）工具，对"小迷糊"图层加上几个图钉按键，如图6-50和图6-51所示。

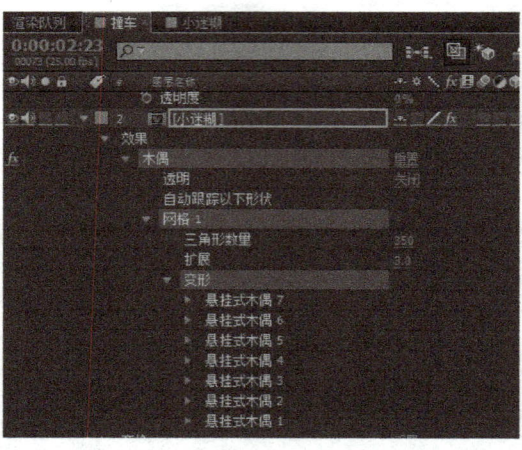

图 6-50　　　　　　　　　　　图 6-51

2) 木偶动画中网格的扩展参数要适当调大，范围在70～90之间，否则"图钉"的作用范围不够大，如图6-52所示。

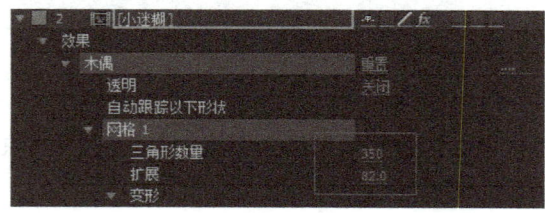

图 6-52

3) 从时间2s 23帧开始，逐步调整人物的形变效果，时间越往后，形变的程度越大，3s 01帧的效果如图6-53所示。3s 06帧的效果如图6-54所示。

图 6-53

4. 添加车头效果

1) 行人的动作做完以后，观察发现车头部和人腿之间的遮挡关系有问题，需要进行处理。复制"汽车"图层,加遮罩单独将车的头部绘制出来,如图6-55和图6-56所示。

图 6-54

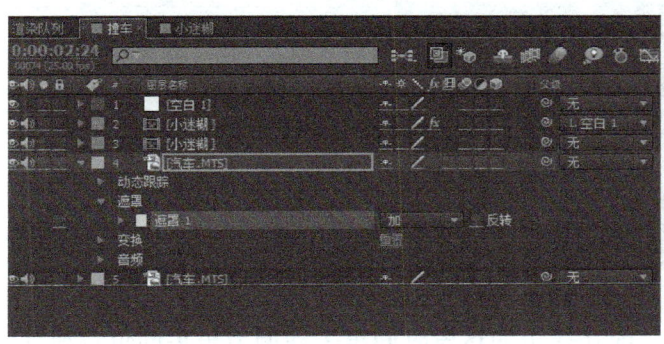

图 6-55　　　　　　　　　　　图 6-56

2)将汽车车头部分的图层置于"小迷糊"图层之上,在时间2s24帧处选中车头的图层并单击鼠标右键,在弹出的快捷菜单中选择"时间"→"冻结帧"命令,使图像冻结。再将其的父层置于"空白对象",如图6-57所示。

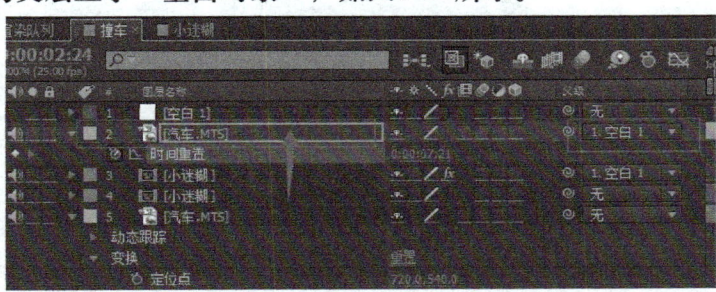

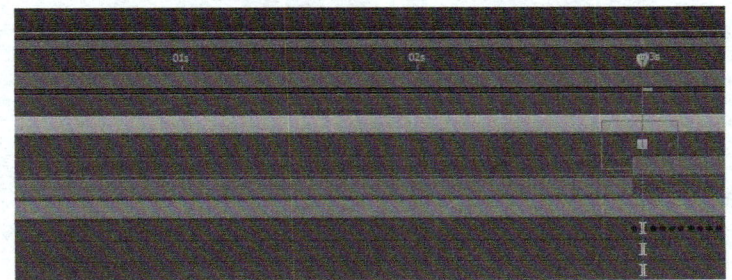

图 6-57

3)观看效果,基本没问题,个别帧的错位需要手动调节,使车头画面与底部的汽车对齐,该效果主要是完善车头和人腿之间的遮挡效果,人腿在被撞击时不会遮住车头，如图6-58所示。

图 6-58

4）除此之外还有一个方法，即在撞击的这段时间里手动调节车头的位置属性，如图6-59所示。

图 6-59

5）在设置的时候让关键帧产生微小的上下区别，使得效果看起来有"车头震动"的效果，用这种方法一样可以得出很好的效果。

5. 制作完毕，调节各个图层的色温，渲染输出（见图6-60）

图 6-60

 **小提示**

在AE中制作同一种效果往往有很多种方法，具体选择哪一种方法主要是根据个人的经验来选择，希望读者在学习中举一反三，创造出不同于书中的新方法。

必备知识

本项目需要了解抠像的种类和原理以及抠像的手段等。

项目拓展

请读者购买绿布制作类似的效果，项目拓展中将行人增加到两人，分别抠像后合成，请注意两人之间的透视和前后关系。

项目评价

在本项目中，学习了使用After Effects软件制作模拟现实特效。通过小迷糊同学过马路发生车祸这一动画来学习三维动画的抠像和撞击效果。通过本项目的学习，做一个项目评价和自我评价。

制作动画《小迷糊的车祸效果》	很满意	较满意	有待改进	不满意
项目设计的评价				
项目的完成情况				
知识点的掌握情况				
与本组成员协作情况				
客户对项目的评价				
自我小结				

学习单元6　学习影视特效后期制作